ÍNDICE:

1- Prólogo   2

2- Normativa UNE seguida   4

3- Identificación de piezas   6

4- Lista de despiece   8

5- Conjunto explosionado   9

6- Plano de despiece   9

7- Planos de conjunto adjuntos a estudiar   9

                                             10

                                             74

PRÓLOGO

El continuo avance de los sistemas gráficos en los últimos años nos ha llevado a una revolución del diseño Industrial y de la filosofía de generación, en lo que respecta a la generación de la documentación gráfica que exige la Fabricación Industrial.

La continua evolución de los primeros programas de diseño asistido y de los sistemas informáticos, nos ha llevado a la sustitución de los sistemas manuales y los delineantes profesionales (auténticos artistas del diseño), por expertos en el uso de estas herramientas, puesto que, nos permiten obtener una mayor calidad, mayor facilidad de modificación y un menor tiempo de ejecución del proyecto.

En el momento en que nos encontramos, el siguiente paso en esta evolución viene definido de una forma de trabajo totalmente diferente a la utilizada hasta día de hoy. Hasta hace algunos años, la generación de documentos gráficos se ha basado en la definición de las vistas de las piezas, en referencia a los condicionantes que establece el sistema diédrico, y la representación de planos de conjunto y perspectivas, como planos finales de montaje y comprensión de la forma real del mecanismo diseñado.

A día de hoy, el Diseño Industrial establece un orden inverso en la generación de documentos. Con los nuevos programas gráficos de diseño de piezas en 3D, podemos modelizar nuestras piezas en tres dimensiones virtuales, con el mismo procedimiento que exigirá su posterior fabricación en el taller. Una vez creada, el sistema gráfico será el encargado de generar los planos de taller, junto con los listados de elementos necesarios y los listados de comandos de los controles numéricos de las máquinas de herramientas.

Como podemos observar, estas nuevas pautas facilitan la interpretación, apoyándose en una imagen real de la pieza que va evolucionando según se ejecutan sobre ella los procesos de fabricación, y reducen el periodo de aprendizaje en el diseño. Al mismo tiempo, no es estrictamente necesario tener conocimientos de los sistemas de representación que hasta ahora eran imprescindibles (diédrico, axonométrico, etc.).

Pero, aunque se encargue la técnica de una buena parte del diseño, especialmente en el apartado del cálculo, siempre queda la responsabilidad del diseñador o diseñadora, que es quien tiene que ir tomando unas decisiones, basadas sobre todo en su experiencia y conocimientos, que una máquina solamente podría ir tomando mediante aproximaciones.

El diseñador se encargará según los gustos del mercado o del cliente al que va dirigido, de realizar un producto estético, con el programa de diseño que generará las vistas de las piezas, basándose en la Norma, pero teniendo en cuanta por supuesto el nivel de exigencia del cliente o, incluso, la falta de visión o de habilidad del personal encargado de consultarlo o utilizarlo. Como último ejemplo, el ordenador solo puede almacenar una enorme cantidad de datos sobre elementos comerciales, pero es el diseñador el que conoce la posibilidad de respuesta de sus proveedores, teniendo en cuenta su volumen de trabajo, la disponibilidad de su almacén etc.

Por otro lado, antes de comenzar a creer que los planos impresos sobre el papel tienden a extinguirse, debemos considerar que, por el momento y durante algún periodo de tiempo, serán imprescindibles en el momento de presentar la documentación para realizar las certificaciones o para comprobar el producto final.

Con este libro queremos conseguir tres objetivos: Por un lado repasar las reglas que hay que tener en cuenta en el momento de organizar la información gráfica que comprende el diseño de un conjunto o mecanismo. Por otro lado, consideramos que la mejor forma de conseguir que una persona sea capaz de aprender a realizar conjuntos y despieces por sí misma, consiste en estudiar y analizar los ejemplos para poder comprender los distintos factores que intervienen en la realización y organización de la información en los planos del proyecto. Por último, ponemos a disposición del leyente las listas de piezas normalizadas de los elementos que son imprescindibles para el momento de diseñar cualquier conjunto mecánico.

1-   NORMA ESPAÑOLA, UNE 1-100-83 ISO 6433

OBJETO Y CAMPO DE APLICACIÓN

La presente norma internacional establece las reglas generales de utilización y de representación de las referencias de los elementos en los dibujos técnicos.

En el contexto de la presente norma internacional, el objeto de estas referencias se limita a la identificación de los elementos que componen los conjuntos y/o a la identificación de elementos individuales que figuran con detalle sobre un mismo dibujo.

REFERENCIAS

ISO 128 (=UNE 1-032) – Dibujos técnicos. Principios generales de representación.

ISO 3098/1 (= UNE 1-034/1) – Dibujos técnicos. Escrituras. Parte 1 : Caracteres corrientes.

ISO 7573 – Dibujos técnicos. Nomenclatura (1)

2-   PLANOS DE CONJUNTOS MECÁNICOS

Un plano de conjunto es el plano en el que aparecen las piezas montadas con tantas vistas como sea suficiente para ver al menos una pieza de cada tipo en su posición de montaje. En él se podrán ver al menos una pieza de cada tipo para poder referenciarlas numéricamente con una "marca" cuyo número aparecerá en la "lista de despiece".

Además, en un plano de conjunto se debe tener en cuenta que:

- Una línea continua gruesa puede representar una arista compartida por dos piezas adyacentes o que se encuentran representadas una a continuación de la otra. De igual forma, una línea de trazos y puntos puede pertenecer o representar uno o varios ejes de revolución o planos de simetría de diferentes piezas.
- Las zonas sin rayar en piezas representan huecos o bien elementos macizos (nervios, radios, tornillos, etc…).
- Los planos de conjunto cortados muestran las piezas interiores al mismo. El corte optimo es aquel que permite ver al menos una pieza de cada tipo, para poder referenciarlas todas numéricamente. Se suele utilizar alguno de los planos de simetría.
- Se debe tener en cuenta que algunas piezas normalizadas, tales como, los tornillos, tuercas, arandelas etc.., se pueden representar sin cortar aunque el conjunto esté cortado por un plano que las corte longitudinalmente.
- Excepcionalmente los planos de conjunto cortados pueden incluir líneas ocultas que faciliten la visión y el correcto entendimiento del mismo.

Se representa el conjunto montado con tantas vistas y cortes como sean necesarios para poder visualizar, aunque no se por completo, todas las piezas del conjunto.

En plano de conjunto prevalecen los mismos criterios aplicables a la representación de piezas aisladas.

Se debe tener en cuenta que:

- Una línea continua gruesa puede representar una arista compartida por dos piezas adyacentes. De igual forma una línea de trazos y puntos puede pertenecer o representar ejes de revolución o planos de simetría de piezas diferentes.
- Las zonas sin rayar pueden representar huecos o bien elementos macizos (nervios, radios, tornillos, etc.).
- Los planos de conjunto suelen ir cortados para poder mostrar las piezas interiores. Se puede cortarlo de acuerdo a alguno de los planos de simetría del conjunto, por lo que en teoría se deberían seccionar todas las piezas por las cuales pasa el plano. Sin embargo piezas de frecuente utilización como tornillos, arandelas, etc., se pueden representar sin cortar cuando se cortan por un plano longitudinal.
- Los elementos roscas se representan según norma.
- Los planos de conjunto cortados pueden incluir en su representación líneas ocultas que faciliten la visión y el entendimiento del conjunto.

En un plano de conjunto, deben aparecer todas las marcas de la lista de piezas, por lo que en ocasiones será suficiente para su representación una única vista. El plano de conjunto debe identificar todas las marcas y debe contener las vistas necesarias para definir el funcionamiento, pero no es necesario que aparezca completamente definida la forma de cada marca del conjunto. Para ello están los planos de despiece que definen completamente la pieza correspondiente o bien, si la pieza es normalizada, bastará con su designación de acuerdo a norma.

Al no quedar definidas totalmente las piezas, en el plano de conjunto, a la hora de realizar los despieces se deberá tener en cuenta que las piezas:

- Deben corresponder con las vistas del plano de conjuntos.
- Deben tener la forma más sencilla y la económicamente más conveniente.
- Deben garantizar la funcionalidad del conjunto tanto en forma como en dimensiones.
- Deben permitir el montaje/desmontaje del conjunto.
- Es posible definir varias formas compatibles con lo anteriormente escrito, por lo que se escogerá la más sencilla de fabricar.
- Si existe algún elemento en una pieza que no quede definido ni en forma (una ranura o la profundidad de un taladro roscado, por ejemplo) ni en número(número de taladros, nº de nervios de la pieza, etc.),éstos se deben

definir en el plano de despiece perfectamente, siendo la experiencia del diseñador la que determine y solucione la pieza.

3. IDENTIFICACIÓN DE LAS PIEZAS:

Las piezas se identifica según la norma UNE .1100.1983. (ver norma)

- La numeración se realiza usando siempre números consecutivos.
- El orden puede ser según: montaje, importancia, tamaño, disposición u otros lógicos.
- El nº se sitúa en un círculo con altura nominal mayor que las cotas fuera del dibujo.
- La numeración se dispondrá en filas y columnas en sentido horario.
- Se representarán flechas lo más cortas posibles con un mínimo de cruce de líneas y nunca paralelas a la trama.

Marcar una pieza consiste en asignarle una referencia numérica única, es decir, una sola vez, independientemente del número de piezas de ese mismo tipo que aparezcan en la vista del plano de conjunto. El marcado de piezas seguirá la norma UNE 1100.1983 e ISO128.

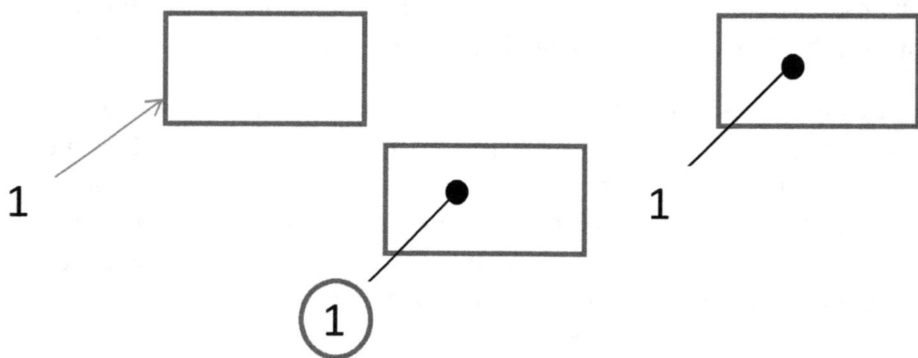

Como se puede observar en la imagen de la norma ISO 128:

- El marcado consiste en un número y una directriz.
- El número podrá ser subrayado o rodeado por un círculo, esta última es la más habitual. No se deben mezclar estos estilos en un plano.
- La directriz termina en flecha cuando señala el contorno de la pieza y en un punto cuando señala dentro de la pieza.

- La numeración se realiza usando siempre números consecutivos.

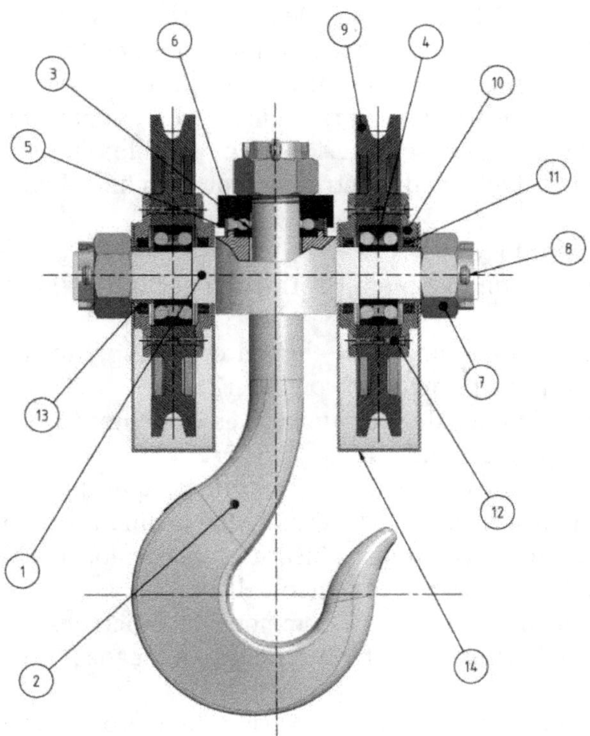

En un plano de conjunto deben aparecer todas las marcas de las listas de piezas, por lo que en ocasiones será suficiente para su representación una única vista. El plano de conjunto debe identificar todas las marcas y debe contener las vistas necesarias para definir el funcionamiento, aunque no es necesario que aparezca mostrada completamente la forma de cada marca del conjunto.

Especificaciones generales

- Se recomienda atribuir las referencias de una forma sucesiva a cada uno de los elementos que componen un conjunto y/o a las partes de elementos representadas en el dibujo.
- Los elementos idénticos de un mismo conjunto deben incorporarse en el conjunto que figura en el dibujo, debe identificarse por una solo referencia. Si el dibujo comprende un solo elemento, no es necesario asignarle ninguna referencia, ya que el nº del dibujo es suficiente para la identificación
- Todas las referencias deben figurar en un cuadro (véase ISO 7573) que especifique las informaciones apropiadas sobre los elementos en cuestión.

En la representación se debe tener en cuenta que:
1- Las referencias deben escribirse únicamente con números árabes. Sin embargo, se permite añadir letras mayúsculas. La forma, dimensiones y

espaciamiento de los caracteres empleados deben estar de acuerdo con ISO 3098/1.

2- Todas las referencias que figuran en un mismo dibujo deben ser del mismo tipo y tener la misma altura de escritura. Deben distinguirse netamente de cualquier otra indicación, lo que puede materializarse, por ejemplo:

a) Utilizando caracteres de una mayor altura de escritura, por ejemplo, doble de la empleada para la acotación y para las indicaciones análogas;

b) Colocando cada referencia en el interior de un círculo; en este caso, los círculos deben tener el mismo diámetro y trazarse en línea llena fina (tipo B de ISO 128);

c) Combinando los métodos a) y b).

3- Las referencias deben disponerse fuera del trazado general de los elementos en cuestión.

Cada una de las referencias debe unirse al elemento correspondiente por una línea de referencia, que termina de acuerdo con ISO 128.

Se permite la supresión de la línea de referencia, si es evidente la relación entre la referencia y el elemento correspondiente.

Se debe evitar la intersección de líneas de referencia, que asimismo, en la medida de lo posible, deben ser cortas y, generalmente, inclinadas con relación a las referencias. En el caso de las referencias inscritas en círculo, la prolongación de la línea de referencia debe pasar por el centro del círculo.

4- Las referencias deben disponerse en las mejores condiciones posibles de claridad y legibilidad del dibujo, preferentemente alineadas en filas y/o columnas.

5- Una misma línea de referencia puede incluir varios elementos asociados

6- Si no existe ningún riesgo de ambigüedad, los elementos idénticos sólo se referenciarán una vez.

7- Deberá adoptarse un orden determinado para la numeración de las referencias:

- Orden posible de montaje;
- Orden de importancia (subconjunto, piezas principales, piezas secundarias, etc.);
- Cualquier otro orden lógico.

4. LISTA DE DESIECE:

Consiste en indicar todos los elementos que entran a formar parte del conjunto, así como sus características de : cantidad, denominación, marca, nº de plano de despiece o en su defecto norma de normalización, dimensiones generales o modelos en caso de ser una pieza normalizada, material (peso, observaciones...).

Se ubica siempre sobre el cajetín, y si no cabe en un plano a parte con el mismo nº que el del conjunto.

En ésta lista de despiece los elementos indicados son los que entran a formar parte del conjunto así como sus características de:

- Cantidad
- Marca
- Denominación/designación
- Norma (si es una pieza normalizada)/ Nº de plano (si la pieza NO es normalizada)
- Material

Optativamente, también se puede indicar:

- Peso
- Observaciones
- Proveedor
- Diseñador, etc.

5. CONJUNTO EXPLOSIONADO:

Plano que representa la disposición de las piezas en su posición de montaje separadas del conjunto una distancia óptima para que se puedan ver todas y cada una de ellas.

6. PLANO DE DESPIECE:

Plano definitivo de cada una de las piezas por separado. El nº de plano será el mismo que el del conjunto y seguido de este un punto y el nº de la marca de la pieza.

7- PLANOS DE CONJUNTO ADJUNTOS A ESTUDIAR:

Se pone a disposición del alumno 6 planos de conjunto donde el alumno deberá utilizar para completar la lista de piezas utilizando las tablas de los elementos normalizados adjuntas y realizar dos planos de despiece de dos piezas de 4 de los 6 conjuntos presentados.

Los Conjuntos que se van a estudiar son:

01-Conjunto Gancho

02- Conjunto Reductora.

03- Conjunto Motor Stirling

04- Conjunto Cadena Cinemática

05- Conjunto Grupo Térmico de motor Derbi

06- Conjunto reductora de dos etapas

De los planos de conjunto adjuntos se pide:

De todos los conjuntos se pide la lista de despiece de las marcas normalizadas. Para poder completar las "listas de despiece" con la correcta designación de los elementos normalizados el alumno deberá consultar las tablas adjuntas 11.

Cada conjunto tiene una función diferenciada. Sin embargo no se va a realizar un estudio de su funcionalidad sino que se estudiarán la representación de algunos detalles en el dibujo de planos de conjunto y sus despieces.

En primer lugar el alumno debe saber diferenciar qué piezas son las normalizadas y cuáles no lo son. Para ello la lista de piezas normalizadas adjunta ofrece información para la columna de modelo de la lista de despiece del plano de conjunto. Los elementos normalizados disponen de una designación normalizada que los define. Esta designación habitualmente hace referencia a una norma o a la referencia de un catálogo DIN o comercial. Los elementos no normalizados deben ser fabricados y por lo tanto tendrán un plano donde se definan sus dimensiones y otras características. Estos planos llevan un número asociado en la columna de plano. Y son estos planos de despieces lo que se pide de algunos conjuntos.

En los planos de conjunto no es necesario que las piezas que lo componen queden totalmente definidas en las vistas que se ofrecen. Para ello se disponen de los planos de despiece.

Sin embargo en la mayoría de los ejercicios propuestos se pide determinar piezas que no quedan definidas en el plano de conjunto, siendo la experiencia, la observación de piezas similares y el sentido común quienes colaborarán a la resolución del ejercicio. Esta solución debe ser la más sencilla y económica posible cumpliendo con la funcionalidad prevista.

En el plano de conjunto también se observa que existan piezas seccionadas y otras no. Existen piezas que NO se cortan por ser piezas macizas, o por ser piezas conocidas cuyo corte no proporciona ninguna información adicional, como es el caso de las tuercas y arandelas.

Algunas piezas admiten diferentes soluciones. Se podrán ofrecer cualquiera de ellas aunque, se deben buscar las formas más simples, evitando aristas cortantes.

Los   con rosca   deben seguir la tabla Métrica ISO

Las soluciones de los ejercicios están en la web:
dibujotecnico.edu.umh.es

TABLAS ELEMENTOS NORMALIZADOS

Índice

Rosca Métrica ISO	3
Rosca gas (B.S.P) UNE 10226	7
Rosca Trapezoidal ISO	8
Avellanados para tornillos avellanados, DIN 74	10
Arandelas planas	12
Arandelas elásticas	14
Pasadores cilíndricos	15
Pasadores de aletas	17
Acoplamientos de ejes nervados con flancos rectos ISO 14	19
Estriados con flancos de evolvente ISO 4156	20
Estriados entallados DIN 5481	21
Lengüetas DIN 6885	22
Chavetas DIN 6886	27
Lengüetas DIN 6888	30
Dimensiones para extremos de ejes cónicos (serie larga y serie corta) DIN 1448	32
Rodamientos rígidos de bolas. d 3 -160 mm	34
Rodamientos de bolas de contacto angular	37
Rodamientos de bolas a rótula. d 10 - 90 mm	39
Rodamientos axiales de bolas de simple efecto. d 10·320 mm	41
Rodamientos axiales de bolas de doble efecto. d 20· 85 mm	44
Rodamientos de rodillos cilíndricos. d 15 ·120 mm	45
Rodamientos de rodillos cónicos. d 15·240 mm	47
Rodamientos de rodillos a rótula. d 20 - 320 mm	51
Coronas de agujas. d 10-70 mm	54
Casquillos de agujas (serie HK) y casquillos de agujas con fondo (serie BK). d 3 - 60 mm	57
Rodamientos de agujas sin aro interior. d 14 - 415 mm	59
Rodamientos de agujas con aro interior. d 10-380 mm	61
Tuercas de fijación y arandelas de retención	63
Anillos obturadores	66
Anillos de seguridad para ejes DIN 471. Ejecución normal	68
Anillos de seguridad para agujeros DIN 472. Ejecución normal	71

Rosca Métrica ISO

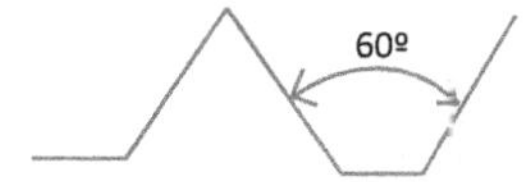

Diámetro nominal (d)			Paso (p)					Diámetro agujero pasante (tolerancia H13)
1ª Serie	2ª Serie	3ª Serie	Grueso	Finos				
1			0,25	0,2				1,2
	1,1		0,25	0,2				
1,2			0,25	0,2				1,4
	1,4		0,3	0,2				1,6
1,6			0,35	0,2				1,8
	1,8		0,35	0,2				2
2			0,4	0,25				2,4
	2,2		0,45	0,25				2,7
2,5			0,45	0,35				2,9
3			0,5	0,35				3,4
	3,5		0,6	0,35				3,9
4			0,7	0,5				4,5
	4,5		0,75	0,5				
5			0,8	0,5				5,5
		5,5		0,5				
6			1	0,75				6,6
		7	1	0,75				7,6
8			1,25	0,75	1			9
		9	1,25	0,75	1			
10			1,5	0,75	1	1,25		11
		11	1,5	0,75	1			
12			1,75	1	1,25	1,5		14
	14		2	1	1,25	1,5		16
		15		1	1,5			
16			2	1	1,5			18
		17		1	1,5			
	18		2,5	1	1,5	2		20
20			2,5	1	1,5	2		22
	22		2,5	1	1,5	2		24

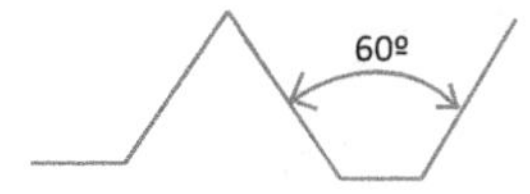

Diámetro nominal (d)			Paso (p)							Diámetro agujero pasante (tol H13)
1ª Serie	2ª Serie	3ª Serie	Grueso	Finos						
24			3	1	1,5	2				26
		25		1,5						
		26		1	1,5	2				
	27		3	1	1,5	2				30
		28		1	1,5	2				
30			3,5	1	1,5	2				33
		32		1,5	2					
	33		3,5	1,5	2					36
		35		1,5						
36			4	1,5	2	3				39
		38		1,5						
	39		4	1,5	2	3				42
		40		1,5	2	3				
42			4,5	1,5	2	3	4			45
	45		4,5	1,5	2	3	4			48
48			5	1,5	2	3	4			52
		50		1,5	2	3	4			
	52		5	1,5	2	3	4			56
		55		1,5	2	3	4			
56			5,5	1,5	2	3	4			62
		58		1,5	2	3	4			
	60		5,5	1,5	2	3	4			66
		62		1,5	2	3	4			
64			6	1,5	2	3	4			70
		65		1,5	2	3	4			
	68		6	1,5	2	3	4			74
		70		1,5	2	3	4	6		

Rosca Métrica ISO (continuación)

Diámetro nominal (d)			Paso (p)						Diámetro agujero
1ª Serie	2ª Serie	3ª Serie	Grueso	\ Finos					pasante (tol H13)
72				1,5	2	3	4	6	78
		75		1,5	2	3	4		
	76			1,5	2	3	4	6	82
		78		2					
80				1,5	2	3	4	6	86
		82		2					
	85			2	3	4	6		
90				2	3	4	6		96
	95			2	3	4	6		
100				2	3	4	6		107
	105			2	3	4	6		
110				2	3	4	6		117
	115			2	3	4	6		
	120			2	3	4	6		127
125				2	3	4	6		132
	130			2	3	4	6		137
		135		2	3	4	6		
140				2	3	4	6		147
		145		2	3	4	6		
	150			2	3	4	6		158
		155		3	4	6			
160				3	4	6			
		165		3	4	6			
	170			3	4	6			
		175		3	4	6			

Rosca Métrica ISO (continuación)

Diámetro nominal (d)			Paso (p)					Diámetro agujero
1ª Serie	2ª Serie	3ª Serie	Grueso	Finos				pasante (tol H13)
180				3	4	6		
		185		3	4	6		
	190			3	4	6		
		195		3	4	6		
200				3	4	6		
		205		3	4	6		
	210			3	4	6		
		215		3	4	6		
220				3	4	6		
		225		3	4	6		
		230		3	4	6		
		235		3	4	6		
	240			3	4	6		
		245		3	4	6		
250				3	4	6		
		255		4	6			
	260			4	6			
		265		4	6			
		270		4	6			
		275		4	6			
280				4	6			
		285		4	6			
		290		4	6			
		295		4	6			
	300			4	6			

NOTA: En las tablas únicamente aparecen reflejados los valores que aparecen en normas.
Para los agujeros pasantes correspondientes a valores no reflejados en tablas
Se recomienda elegir alguno interpolando entre los contiguos.

El diámetro interior se calcula según la fórmula **$D_i = d - 1,083p$** , siendo d el diámetro nominal y p el paso.

Rosca gas (B.S.P) UNE 10226

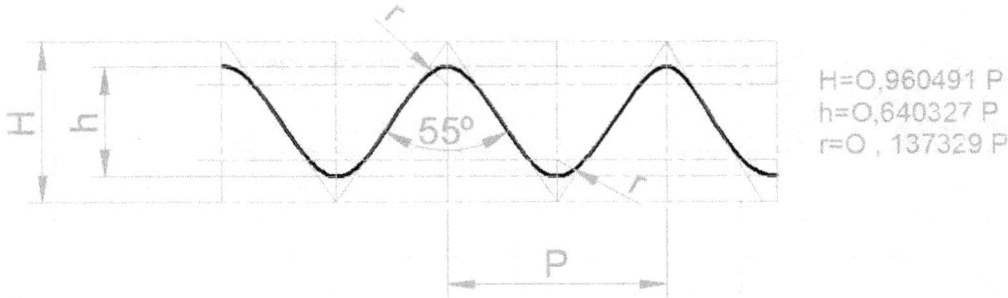

Diámetro Nominal (pulg)	Diámetro (mm)	Hilos/p ulg	Paso en mm	h en mm	Angulo del paso del kilo	Diámetro medio en mm	Diámetro fondo en mm
1/8	9,73	28	0,91	0,58	1°45'	9,15	8,57
1/4	13,16	19	1,34	0,86	2°	12,30	11,44
3/8	16,66	19	1,34	0,86	1°30'	15,81	14,95
1/2	20,95	14	1,81	1,16	1°45'	19,79	18,63
5/8	22,91	14	1,81	1,16	1030'	21,75	20,59
3/4	26,44	14	1,81	1,16	1°15'	25,28	24,12
7/8	30,20	14	1,81	1,16	1015'	29,04	27,88
1	33,25	11	2,31	1,48	1°15'	31,77	30,29
11/8	37,90	11	2,31	1,48	1°15'	36,42	34,94
11/4	41,91	11	2,31	1,48	1°	40,43	38,95
13/8	44,32	11	2,31	1,48	1°	42,84	41,36
11/2	47,80	11	2,31	1,48	1°	46,32	44,84
13/4	53,75	11	2,31	1,48	45'	52,27	50,79
2	59,61	11	2,31	1,48	45'	58,13	56,66
21/4	65,71	11	2,31	1,48	45'	64,23	62,75
21/2	75,18	11	2,31	1,48	45'	73,70	72,23
23/4	81,53	11	2,31	1,48	30'	80,05	78,58
3	87,88	11	2,31	1,48	30'	86,40	84,93
31/2	100,33	11	2,31	1,48	30'	98,85	97,37
33/4	106,68	11	2,31	1,48	30'	105,20	103,72
4	113,03	11	2,31	1,48	30'	111,55	110,07
41/2	125,73	11	2,31	1,48	30'	124,25	122,77
5	138,43	11	2,31	1,48	30'	136,95	135,47
51/2	151,13	11	2,31	1,48	30'	149,65	148,17
6	163,83	11	2,31	1,48	30'	162,35	160,87

Rosca Trapezoidal ISO

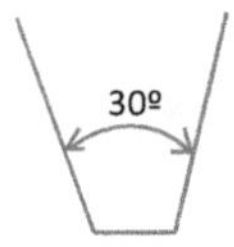

Diámetros nominales			Pasos para roscas		
1ª Serie	2ª Serie	3ª Serie	de un hilo		
8			1,5		
	9		1,5	2	
10			1,5	2	
	11		2	3	
12			2	3	
	14		2	3	
16			2	4	
	18		2	4	
20			2	4	
	22		3	5	8
24			3	5	8
	26		3	5	8
28			3	5	8
	30		3	6	10
32			3	6	10
	34		3	6	10
36			3	6	10
	38		3	7	10
40			3	7	10
	42		3	7	10
44			3	7	12
	46		3	8	12
48			3	8	12
	50		3	8	12
52			3	8	12
	55		3	9	14
60			3	9	14
	65		4	10	16
70			4	10	16
	75		4	10	16
80			4	10	16
	85		4	12	18
90			4	12	18

Rosca Trapezoidal ISO Diámetros nominales			Pasos para roscas de un hilo		
1ª Serie	2ªSerie	3ª Serie			
	95		4	12	18
100			4	12	20
		105	4	12	20
	110		4	12	20
		115	6	14	22
120			6	14	22
		125	6	14	22
	130		6	14	22
		135	6	14	24
140			6	14	24
		145	6	14	24
	150		6	16	24
		155	6	16	24
160			6	16	28
		165	6	16	28
	170		6	16	28
		175	8	16	28
180			8	18	28
		185	8	18	32
	190		8	18	32
		195	8	18	32
200			8	18	32
	210		8	20	36
220			8	20	36
	230		8	20	36
240			8	22	36
	250		12	22	40
260			12	22	40
	270		12	24	40
280			12	24	40
	290		12	24	44
300			12	24	44

<u>Para roscas de un hilo:</u>

Diámetro interior = Diámetro nominal – Paso

<u>Para roscas de varios hilos:</u>

Tienen el mismo perfil que las roscas de un hilo.
La División de una rosca de varios hilos puede elegirse de entre los valores admitidos de paso para roscas de un hilo de igual diámetro nominal (el paso real, que es múltiplo de la división, no necesita corresponder con el valor de algún paso admitido para roscas de un hilo).

Avellanados para tornillos avellanados, DIN 74

Avellanados cónicos

Forma A para tornillos avellanados según DIN 963, DIN 965, DIN 964, DIN 966, DIN 7513, DIN 7516

Forma H para tornillos cilíndricos según DIN 84, DIN 7513 Y DIN 7984.
Forma J para tornillos cilíndricos

Según DIN 6912.

Forma K para tornillos cilíndricos
Según DIN 912.

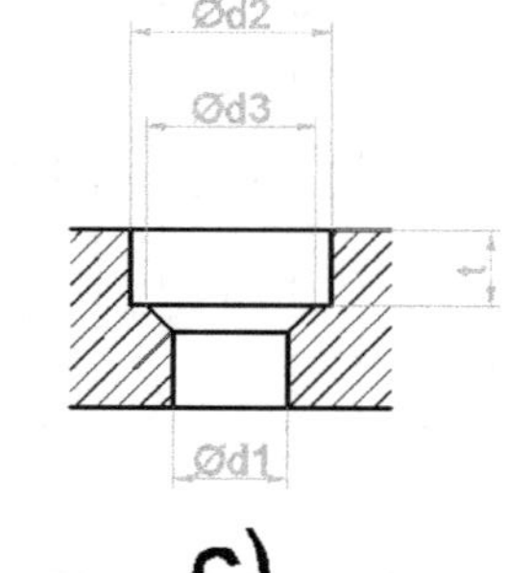

Avellanados cilíndricos

Forma A

Para Ø de rosca		1	1,2	1,4	1,4	1,6	1,8	2,	2,5	3	3,5	4	5	6	8	10	12	14	16	18	20
Ejecución	d1 H13	1,2	1,4	1,6	1,6	1,8	2	2,4	2,9	3,4	3,9	4,5	5,5	6,6	9	m	14	16	18	20	22
media (m)	d2 H13	2,4	2,4	2,8	3,3	3,7	4,2	4,6	5,7	6,5	7,6	8,6	10,4	12,4	16,4	20,4	24,4	27,4	32,4	36,4	40,4
(Fig,a)	t1	0,6	0,6	0,7	0,8	0,9	1,1	1,1	1,4	1,6	1,9	2,1	2,5	2,9	3,7	4,7	5,2	5,7	7,2	8,2	9,2
Ejecución	d, H12	1,1	1,1	1,3	1,5	1,7	1,9	2,2	2,7	3,2	3,7	4,3	5,3	6,4	8,4	10,5	13	15	17	19	21
media (m)	d3 H12	2	2	2,5	2,8	3,3	3,8	4,3	5	6	7	8	10	11,5	15	19	23	26	30	34	37
(Fig,b)	t1	0,7	0,7	0,8	0,9	1	1,2	1,2	1,5	1,7	2	2,2	2,6	3	4	5	5,7	6,2	7,7	8,7	9,7
	t2	0,2	0,2	0,15	0,15	0,2	0,2	0,15	0,35	0,25	0,3	0,3	0,2	0,45	0,7	0,7	0,7	0,7	1,2	1,2	1,7

Formas H, J, K

Para Ø de rosca		1	1,2	1,4	1,6	1,8	2	2,3	2,5	2,6	3	3,5	4		5	6	8
d1	Media (m) H13	1,2	1,4	1,6	1,8	2	2,4	2,7	2,9	3	3,4	3,9		4,5	5,5	6,6	9
	Fina (f) H12	1,1	1,3	1,5	1,7	1,9	2,2	2,5	2,7	2,8	3,2	3,7		4,3	5,3	6,4	8,4
d2	H13	2,2	2,5	2,8	3,3	3,8	4,3	5	5	5,5	6	6,5	8		10	11	15
d3																	
t para avellanado	Forma H	0,8	0,9	1	1,2	1,5	1,6	1,8	2	2,1	2,4	2,9		3,2	4	4,7	6
	Forma J														3,4	4,2	4,8	6
	Forma K			1,6	1,8		2,3		2,9						4,6	5,7	6,8	9

Para Ø de rosca		10	12	14	16	18	20	22	24	27	30	33	36	42	48
d1	Media (m) H13	11	14	16	18	20	22	24	26	30	33	36	39	45	52
	Fina (f) H12	10,5	13	15	17	19	21	23	25						
d2	H13	18	20	24	26	30	33	36	40	43	48	53	57	66	76
d3			16	18	20	22	24	26	28	33	36	39	42	48	56
t para avellanado	Forma H	7	8	9	10,5	11,5	12,5	13,5	14,5						
	Forma J	7,5	8,5	9,5	11,5	12,5	13,5	14,5	15,5	17,5	19,5	21,5	23,5		
	Forma K	11	13	15	17,5	19,5	21,5	23,5	25,5	28,5	32	35	38	44	50

EJEMPLOS:

1-Designación de un avellanado forma H con agujero pasante de ejecución media (m), para diámetro de Rosca10 mm:
Avellanado Hm 10 DIN 74

2-Designación de un avellanado forma A, ejecución media (m) para un diámetro de rosca 4 mm:
Avellanado Am 4 DIN 74

Arandelas planas

Designación: Arandela forma d$\varnothing_{nominal}$ DIN 125

Ejemplo: Arandela B 41 DIN 125

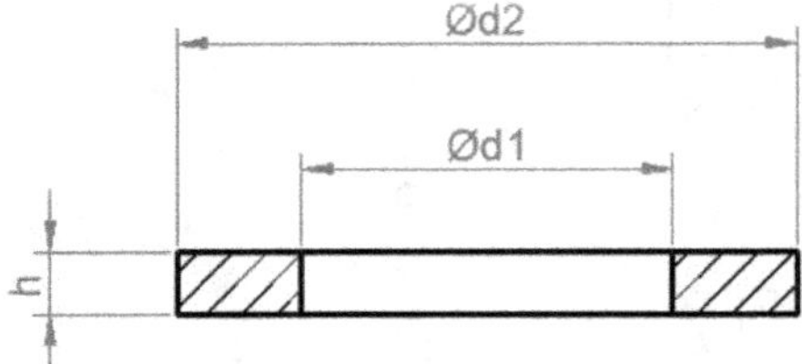

Forma A: sin bisel

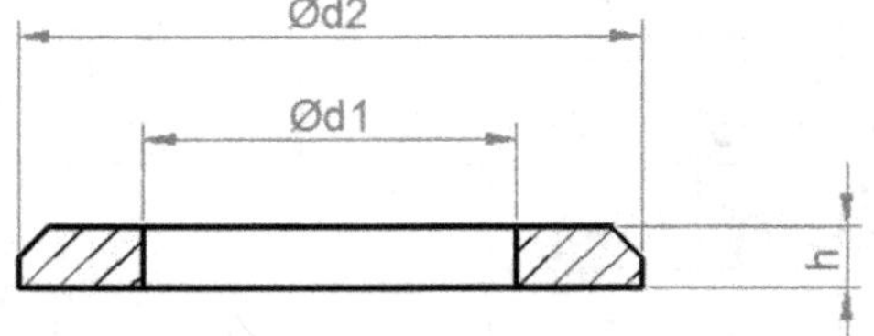

Forma B: con bisel exterior

Ø nominal d	Para rosca :	Ø interior d1	Ø exterior d2	Espesor h
1,7	1,6	1,7	4	0,3
1,8	1,7	1,8	4,5	0,3
2,2	2	2,2	5	0,3
2,5	2,3	2,5	6	0,5
2,7	2,5	2,7	6	0,5
2,8	2,6	2,8	7	0,5
3,2	3	3,2	7	0,5
3,7	3,5	3,7	8	0,5
4,3	4	4,3	9	0,38
5,3	5	5,3	10	1
6,4	6	6,4	12	1,6
7,4	7	7,4	14	1,6
8,4	8	8,4	16	1,6
10,5	10	10,5	20	2
13	12	13	24	2,5
15	14	15	28	2,5
17	16	17	30	3
19	18	19	34	3
21	20	21	37	3
23	22	23	39	3
25	24	25	44	4
27	26	27	50	4
28	27	28	50	4
29	28	29	50	4
31	30	31	56	4
33	32	33	60	5
34	33	34	60	5
36	35	36	66	5
37	36	37	66	5
39	38	39	72	6
40	39	40	72	6

Arandelas planas (Continuación)

Ø nominal d	Para rosca :	Ø interior d1	Ø exterior d2	Espesor h
41	40	41	72	6
43	42	43	78	7
46	45	46	85	7
50	48	50	92	8
52	50	52	92	8
54	52	54	98	8
57	55	57	105	9
58	56	58	105	9
60	58	60	110	9
62	60	62	110	9
66	64	66	115	9
70	68	70	120	10
74	72	74	125	10
78	76	78	135	10
82	80	82	140	12
87	85	87	145	12
93	90	93	160	12
98	95	98	165	12
104	100	104	175	14
109	105	109	180	14
114	110	114	185	14
119	115	119	200	14
124	120	124	210	16
129	125	129	220	16
134	130	134	220	16
139	135	139	230	16
144	140	144	240	18
149	145	149	250	18
155	150	155	250	18
165	160	165	250	18

Arandelas elásticas

Designación: Arandela elástica "forma" d DIN 127

Ejemplo: Arandela elástica A 4 DIN 127

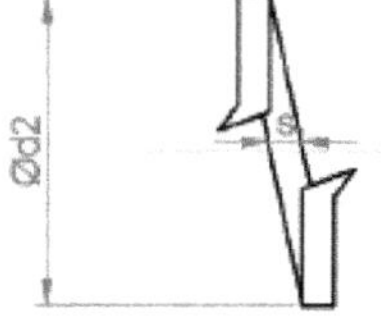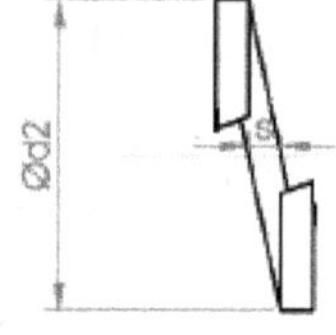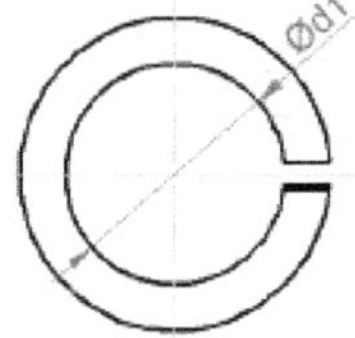

Ø nominal d	Para rosca :	Ø interior d1	Ø exterior d2	Espesor s
2	2	2,4	4,4	0,5
2,2	2,2	2,6	4,8	0,6
2,5	2,5	2,9	5,1	0,6
3	3	3,4	6,2	0,8
3,5	3,5	3,9	6,7	0,8
4	4	4,4	7,6	0,9
5	5	5,4	9,2	1,2
6	6	6,5	11,8	1,6
7	7	7,5	12,8	1,6
8	8	8,5	14,8	2
10	10	10,7	18,1	2,2
12	12	12,7	21,1	2,5
14	14	14,7	24,1	3,5
16	16	17	27,4	3,5
18	18	19	29,4	3,5
20	20	21,2	33,6	4
22	22	23,5	35,9	4
24	24	25,5	40	5
27	27	28,5	43	5
30	30	31,7	48,2	6
36	36	37,7	58,2	6
39	39	40,7	61,2	6
42	42	43,7	68,2	7
45	45	46,7	71,2	7
48	48	50,5	75	7
52	52	54,5	83	8
56	56	58,5	87	8
60	60	62,5	91	8
64	64	66,5	95	8
68	68	70,5	99	8
72	72	74,5	103	8
80	80	82,5	111	8
90	90	92,5	121	8
100	100	102,5	131	8

Pasadores cilíndricos

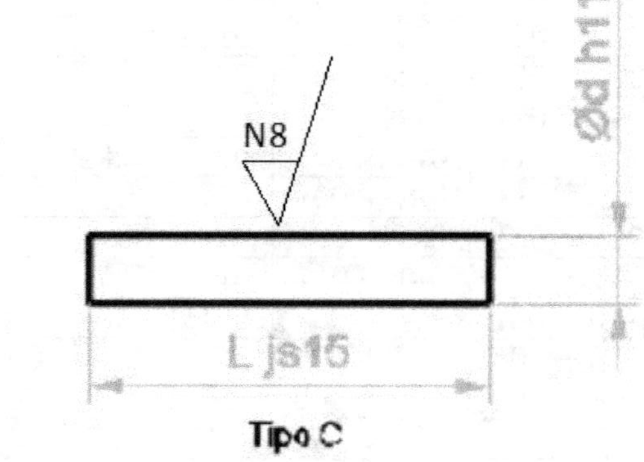

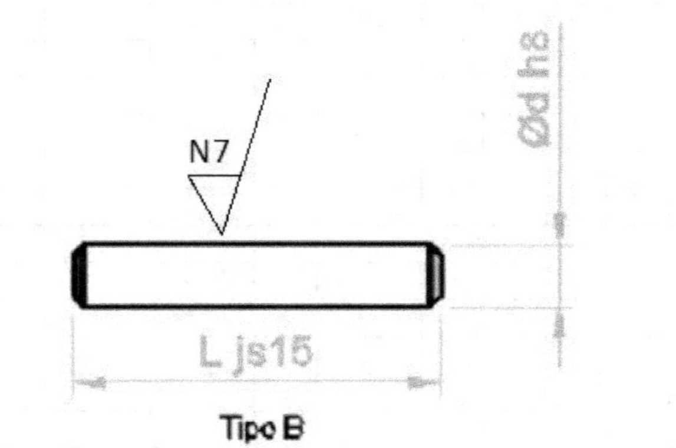

Designación: Pasador cilíndrico TIPO d x l UNE 17-061-79
Ejemplo: Pasador cilíndrico A 10 x 40 UNE 17-061-79

Normas equivalentes: UNE 17-061, ISO 2338, DIN 7.

Pasadores cilíndricos

Diámetro nominal d — LONGITUD NOMINAL "l"

Diámetro nominal d \ l	0,6	0,8	1	1,2	1,5	2	2,5	3	4	5	6	8	10	12	16	20	25	30	40	50
2	2	2																		
3	3	3																		
4	4	4	4	4	4															
5	5	5	5	5	5															
6	6	6	6	6	6	6	6													
8		8	8	8	8	8	8	8	8											
10			10	10	10	10	10	10	10	10										
12				12	12	12	12	12	12	12	12									
14					14	14	14	14	14	14	14	14								
16					16	16	16	16	16	16	16	16								
20						20	20	20	20	20	20	20	20							
25						25	25	25	25	25	25	25	25	25						
30								30	30	30	30	30	30	30	30					
35									35	35	35	35	35	35	35					
40									40	40	40	40	40	40	40	40				
45									45	45	45	45	45	45	45	45				
50										50	50	50	50	50	50	50	50			
55											55	55	55	55	55	55	55			
60											60	60	60	60	60	60	60	60		
65												65	65	65	65	65	65	65		
70												70	70	70	70	70	70	70		
75												75	75	75	75	75	75	75		
80												80	80	80	80	80	80	80	80	
90													90	90	90	90	90	90	90	
100													100	100	100	100	100	100	100	100
110														110	110	110	110	110	110	110
120														120	120	120	120	120	120	120
130														130	130	130	130	130	130	130
140														140	140	140	140	140	140	140
150														150	150	150	150	150	150	150
160															160	160	160	160	160	160
170															170	170	170	170	170	170
180															180	180	180	180	180	180
190																190	190	190	190	190
200																200	200	200	200	200

Pasadores de aletas

Designación: Pasador de aletas d x l UNE 17-059-78

Ejemplo: Pasador de aletas 2 x 20 UNE 17-059-78

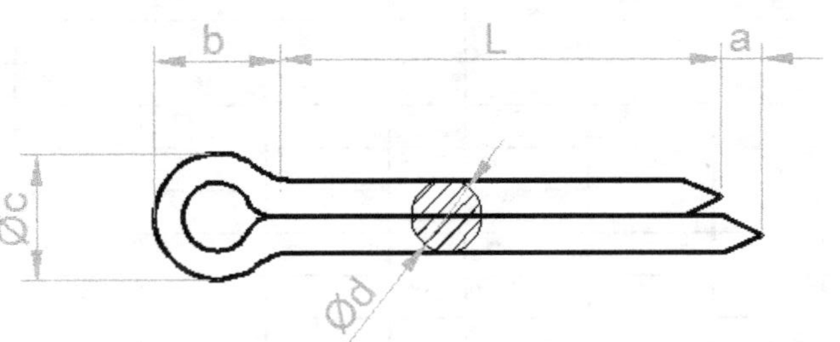

Normas equivalentes: UNE 17-059, ISO 1234, DIN 94.

Aclaraciones de la página 18:
1- Diámetro nominal d [1]: Diámetro del agujero pasante.
2- Tornillos [2]: Empleados para los diámetros nominales de rosca especificados.
3- Ejes [3]: Empleados para los diámetros especificados.

Diámetro nominal d[1]	0,6	0,8	1	1,2	1,5	2	2,5	3,2	4	5	6,3	8	10	13	16	20
LONGITUD NOMINAL "l"																
4	4															
5	5	5														
6	6	6	6													
8	8	8	8	8	8											
10	10	10	10	10	10	10										
12	12	12	12	12	12	12	12									
14		14	14	14	14	14	14	14								
16		16	16	16	16	16	16	16								
18			18	18	18	18	18	18	18							
20			20	20	20	20	20	20	20							
22				22	22	22	22	22	22	22						
25				25	25	25	25	25	25	25						
28					28	28	28	28	28	28						
32					32	32	32	32	32	32	32					
36						36	36	36	36	36	36					
40						40	40	40	40	40	40	40				
45							45	45	45	45	45	45	45			
50							50	50	50	50	50	50	50			
56								56	56	56	56	56	56			
63								63	63	63	63	63	63			
71									71	71	71	71	71	71		
80									80	80	80	80	80	80		
90										90	90	90	90	90		
100										100	100	100	100	100		
112											112	112	112	112	112	
125											125	125	125	125	125	
140												140	140	140	140	
160												160	160	160	160	160
180													180	180	180	180
200													200	200	200	200
224														224	224	224
250														250	250	250
280															280	280
Tornillos[2] >	—	2,5	3,5	4,5	5,5	7	9	11	14	20	27	39	56	80	120	170
Tornillos[2] ≤	2,5	3,5	4,5	5,5	7	9	11	14	20	27	39	56	80	120	170	—
Ejes[3] >	—	2	3	4	5	6	8	9	12	17	23	29	44	69	110	160
Ejes[3] ≥	2	3	4	5	6	8	9	12	17	23	29	44	69	110	160	—

Acoplamientos de ejes nervados con flancos rectos ISO 14

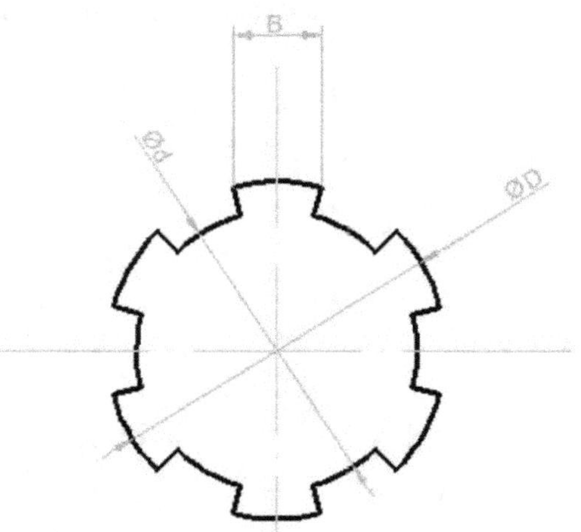

SIN INDICACION DE TOLERANCIAS

Designación estriado exterior (en ejes): EXT N x d x D -ISO14
Designación estriado interior (en cubos): INT N x d x D -ISO14
Designación acoplamiento estriado (en conjuntos): INT/EXT N x d x D . ISO 14

Ejemplo: EXT 6 x 23 x 26 . ISO 14
Ejemplo: INT 6 x 23 x 26· ISO 14
Ejemplo: INT/EXT 6 x 23 x 26 -15014

CON INDICACION DE TOLERANCIAS

Designación estriado exterior (en ejes): EXT N x d tal x D· ISO 14
Designación estriado interior (en cubos): INT N x d Tal x D · 150 14
Designación acoplamiento estriado (en conjuntos): INT/EXT N x d Tal/tal x D · ISO 14

Ejemplo: EXT 6 x 23 f7 x 26 · ISO 14
Ejemplo: INT 6 x 23 H7 x 26 -15014
Ejemplo: INT/EXT 6 x 23 H7/f7 x 26 -ISO14

Diámetro nominal d	Serie ligera			Serie media			Serie pesada		
	N° nervios N	D	B	N° nervios N	D	B	N° nervios N	D	B
11	-	-	-	6	14	3	-	-	-
13	-	-		6	16	3,5	-	-	-
16	-	-		6	20	4	10	20	2,5
18	-			6	22	5	10	23	3
21	-	-		6	25	5	10	26	3
23	6	26	6	6	28	6	10	29	4
26	6	30	6	6	32	6	10	32	
28	6	32	7	6	34	7	10	35	4
32	8	36	6	8	38	6	10	40	5
36	8	40	7	8	42	7	10	45	5
42	8	46	8	8	48	8	10	52	6
46	8	50	9	8	54	9	10	56	7
52	8	58	10	8	60	10	16	60	5
56	8	62	10	8	65	10	16	65	5
62	8	68	12	8	72	12	16	72	6
72	10	78	12	10	82	12	16	82	7
82	10	88	12	10	92	12	20	92	6
92	10	98	14	10	102	14	20	102	7
102	10	108	16	10	112	16	20	115	8
112	10	120	18	10	125	18	20	125	9

Estriados con flancos de evolvente ISO 4156

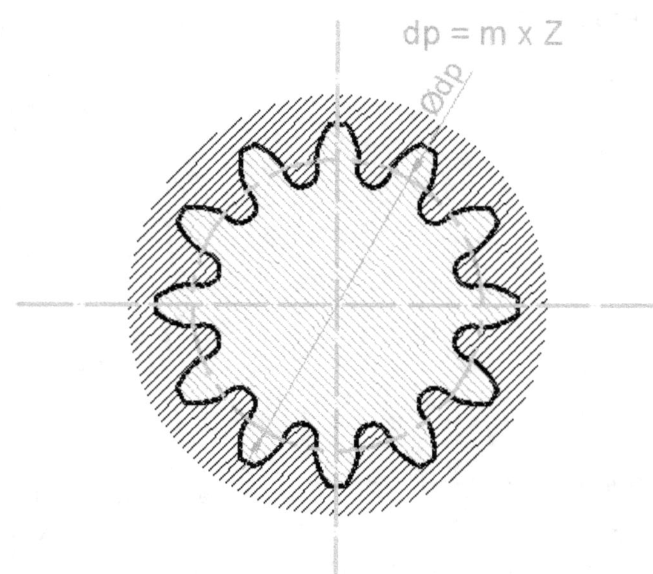

Designaciones:	
a) Estriado interior	= INT
Estriado exterior	= EXT
Acoplamiento estriado	= INT/EXT
b) Número de dientes	= Z (precedido del numero)
c) Modulo	= m (precedido del valor)
Valores del módulo: 0,25, 0,5, 0,75, 1, 1,25, 1,5, 1,75, 2, 2,5, 3, 4, 5, 6, 8, 10	
d) Angulo de presión 30° fondo piano	= 30 P
Angulo de presión 30° radio de fondo	= 30 R
Angulo de presión 37,5°	= 37,5
Angulo de presión 45°	= 45
e) Clases de tolerancia	=4-5-6-7
f) Clase de ajuste estría interior	= H
Clase de ajuste estría exterior	=k—js—h—f—e—d
g) ISO 4156 o UNE 18 076	

Ejemplos:	
Acoplamiento:	INT/EXT 24Z x 2,5 m x 30R x 5H/5f ISO 4156
Estriado interior:	INT 24Z x 2,5 m x 30R x 5H ISO 4156
Estriado exterior:	EXT 24Z x 2,5 m x 30R x 5f ISO 4156

Estriados entallados DIN 5481

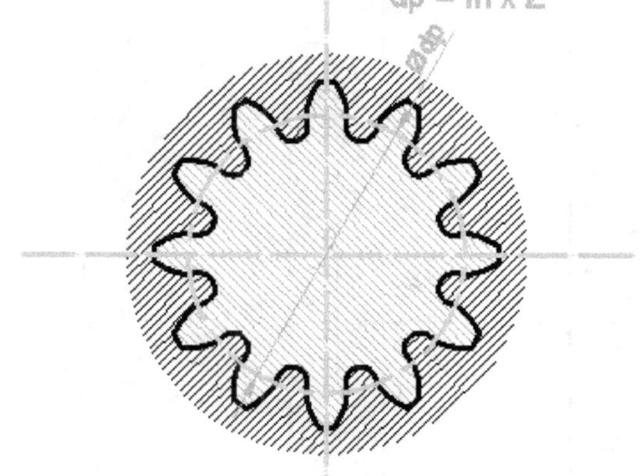

| Designación | Diámetros | | | Número de |
dl x d3	dl	d3	d5	dientes
7x8	6,9	8,1	7,5	28
8x10	8,1	10,1	9	28
10x12	10,1	12	11	30
12x14	12	14,2	13	31
15x17	14,9	17,2	16	32
17x20	17,3	20	18,5	33
21x24	20,8	23,9	22	34
26x30	26,5	30	28	35
30x34	30,5	34	32	36
36x40	36	39,9	38	37
40x44	40	44	42	38
45x50	45	50	47,5	39
50x55	50	54,9	52,5	40
55x60	55	60	57,5	42
60x65	60	65	61,5	41
65x70	65	70	67,5	45
70x75	70	75	72	48
75x80	75	80	76,5	51
80x85	80	85	82,5	55
85x90	85	90	87	58
90x95	90	95	91,5	61
95x100	95	100	97,5	65
100x105	100	105	102	68
105x110	105	110	106,5	71
110x115	110	115	112,5	75
115x120	115	120	117	78
120x125	120	125	121,5	81

Lengüetas DIN 6885

Designación: Lengüeta tipo *'Tipo' b x h x l DIN 6885

Dimensiones de la lengüeta

Sección de la lengüeta		2	3	4	5	6	8	10	12	14	16	18	20	22	25	28	32	36	40	45	50	56	63	70	80	90	100
Sección de la lengüeta	anchura b	2	3	4	5	6	8	10	12	14	16	18	20	22	25	28	32	36	40	45	50	56	63	70	80	90	100
	altura h	2	3	4	5	6	7	8	8	9	10	11	12	14	14	16	18	20	22	25	28	32	32	36	40	45	50
Para diámetro del eje	más de	6	8	10	12	17	22	30	38	44	50	58	65	75	85	95	110	130	150	170	200	230	260	290	330	380	440
	hasta	8	10	12	17	22	30	37	44	50	58	65	75	85	95	110	130	150	170	200	230	260	290	330	380	440	500

Dimensiones de la ranura del eje

Anchura b	asiento fijo P9	2	3	4	5	6	8	10	12	14	16	18	20	22	25	28	32	36	40	45	50	56	63	70	80	90	100
	asiento ligero N9	2	3	4	5	6	8	10	12	14	16	18	20	22	25	28	32	36	40	45	50	56	63	70	80	90	100
Profundidad t1		1,2	1,8	2,5	3	3,5	4	5	5	5,5	6	7	7,5	9	9	10	11	12	13	15	17	20	20	22	25	28	31
	diferencia admisible	+0,1	+0,1	+0,1	+0,1	+0,1	+0,2	+0,2	+0,2	+0,2	+0,2	+0,2	+0,2	+0,2	+0,2	+0,2	+0,2	+0,3	+0,3	+0,3	+0,3	+0,3	+0,3	+0,3	+0,3	+0,3	+0,3

Dimensiones de la ranura del cubo

Anchura b	asiento fijo P9	2	3	4	5	6	8	10	12	14	16	18	20	22	25	28	32	36	40	45	50	56	63	70	80	90	100
	asiento ligero Js9	2	3	4	5	6	8	10	12	14	16	18	20	22	25	28	32	36	40	45	50	56	63	70	80	90	100
Profundidad t2		1	1,4	1,8	2,3	2,8	3,3	3,3	3,3	3,8	4,3	4,4	4,9	5,4	5,4	6,4	7,4	8,4	9,4	10,4	11,4	12,4	12,4	14,4	15,4	17,4	19,5
	diferencia admisible	+0,1	+0,1	+0,1	+0,1	+0,1	+0,2	+0,2	+0,2	+0,2	+0,2	+0,2	+0,2	+0,2	+0,2	+0,2	+0,2	+0,3	+0,3	+0,3	+0,3	+0,3	+0,3	+0,3	+0,3	+0,3	+0,3

*Nota: Las formas de lengüeta de muestran en la página 24 y 25

Longitudes admisibles	2	3	4	5	6	8	10	12	14	16	18	20	22	25	28	32	36	40	45	50	56	63	70	80	90	100
anchura b	2	3	4	5	6	8	10	12	14	16	18	20	22	25	28	32	36	40	45	50	56	63	70	80	90	100
altura h	2	3	4	5	6	7	8	8	9	10	11	12	14	14	16	18	20	22	25	28	32	32	36	40	45	50
6	6	6																								
8	8	8	8																							
10	10	10	10	10																						
12	12	12	12	12																						
14	14	14	14	14	14																					
16	16	16	16	16	16																					
18	18	18	18	18	18	18																				
20	20	20	20	20	20	20																				
22		22	22	22	22	22	22																			
25		25	25	25																						
28																										
32																											
36																											
40																											
45																											
50																											
56																											
63																											
70																											
80																											
90																											
100																											
110																											
125																											
140																											
160																											
180																											
200																											
220																											
250																											
280																											
320																											
360																											
400																											

La franja amarilla indica los valores válidos de longitud (de la primera columna) para cada b y h.
Ver página 22 para saber a que diámetro de eje sería válida la lengüeta.

Lengüetas DIN 6885 (continuación)

Designación: Lengüeta tipo 'Tipo' b x h x l DIN 6885

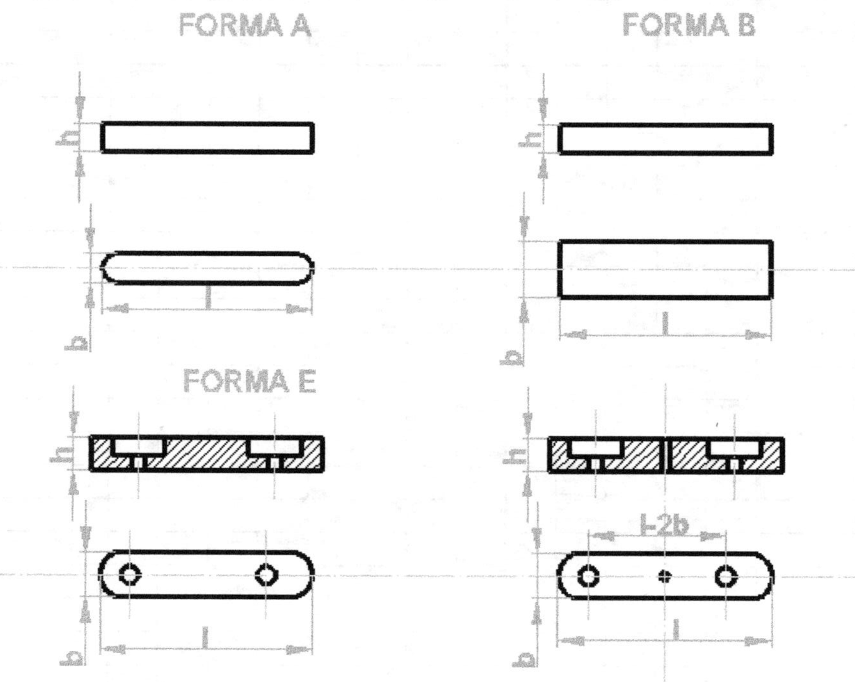

Para formas E y F apartirde12x8, suplementariamente
Con agujero roscado para 1 o2 tomillos de presión

Lengüetas DIN 6885 (continuación)

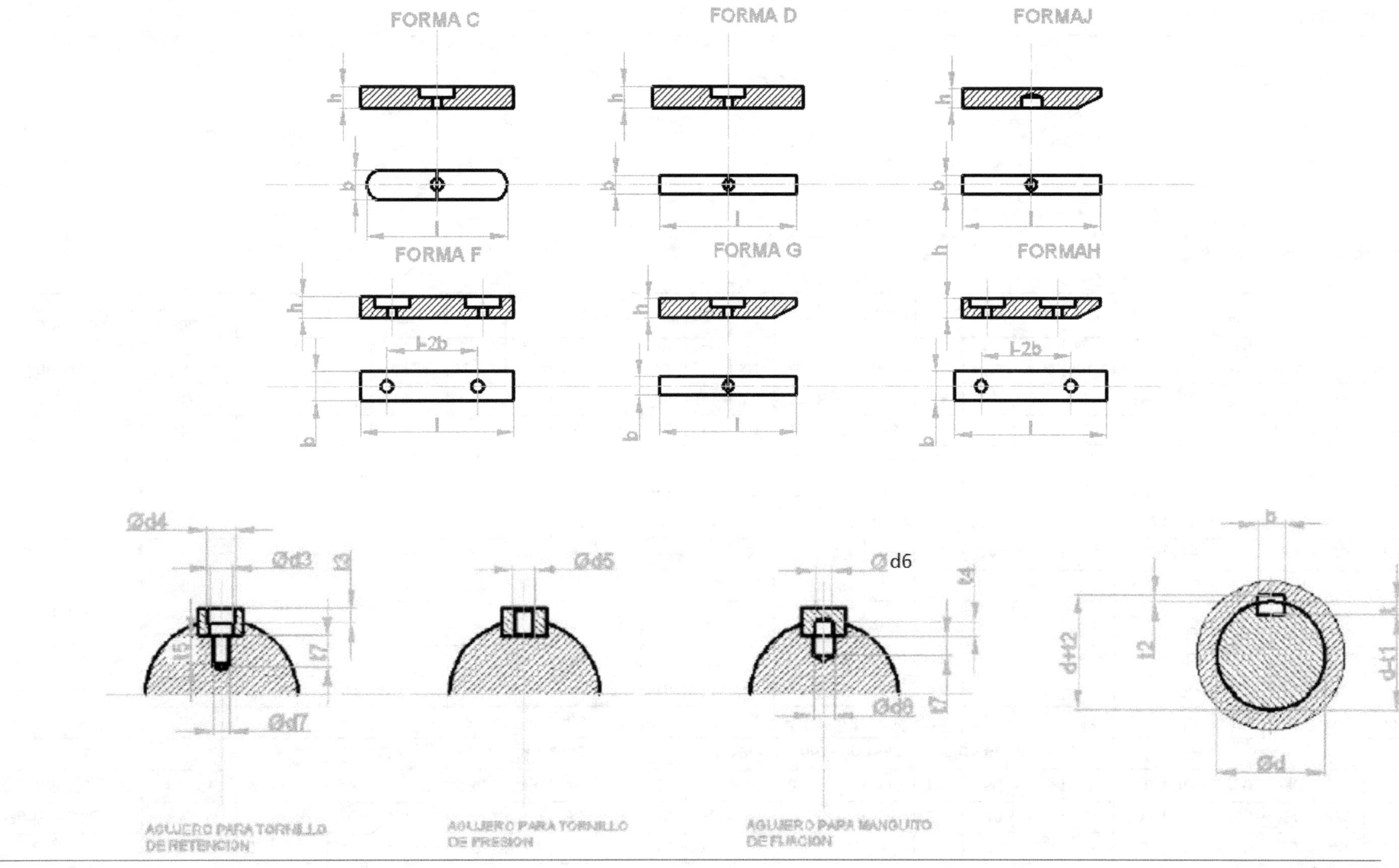

Lengüetas DIN 6885 (continuación)

		Dimensiones de la lengüeta																									
Sección de la	anchura b	2	3	4	5	6	8	10	12	14	16	18	20	22	25	28	32	36	40	45	50	56	63	70	80	90	100
lengüeta	altura h	2	3	4	5	6	7	8	8	9	10	11	12	14	14	16	18	20	22	25	28	32	32	36	40	45	50
Para diámetro	más de	6	8	10	12	17	22	30	38	44	50	58	45	75	85	95	110	130	150	170	200	230	260	290	330	380	440
del eje	hasta	8	10	12	17	22	30	38	44	50	58	65	75	85	95	110	130	150	170	200	230	260	290	330	380	440	500
Agujeros para tornillos de retención, tornillos de presión manguitos de sujeción																											
Agujeros de la lengüeta de ajuste	d3						3,4	3,4	4,5	5,5	5,5	6,6	6,6	6,6	9	11	11	14	14	14	14	14	14	18	18	22	22
	d4						6	6	8	10	10	11	11	11	15	18	18	20	20	20	20	20	20	26	26	33	33
	d5						M3	M3	M4	M5	M5	M5	M6	M6	M8	M10	M10	M12	M12	M12	M12	M12	M12	M16	M16	M20	M20
	d6 H12						4	4	5	6	6	8	8	8	10	12	12	16	16	16	16	16	16	20	20	25	25
	t3						2,4	2,4	3,2	4,1	4,1	4,8	4,8	4,8	6	7,3	7,3	8,3	8,3	8,3	8,3	8,3	8,3	11,5	11,5	13,5	13,5
	t4						4	4	5	6	6	7	8	8	10	10	12	14	16	16	16	16	16	20	20	25	25
Agujeros del eje	d7						M3	M3	M4	M5	M5	M6	M6	M6	M8	M10	M10	M12	M12	M12	M12	M12	M12	M16	M16	M20	M20
	d8						4,5	4,5	5,5	6,5	6,5	9	9	9	11	13	13	17	17	17	17	17	17	21	21	26	26
	t5						4	5	6	6	6	7	6	8	9	9	11	15	13	15	12	13	13	17	18	20	20
	t6						7	8	10	10	10	12	11	13	15	15	17	22	20	22	19	20	20	24	25	28	28
	t7						5	5	7	8	8	11	10	10	12	18	16	20	18	18	18	18	18	24	24	30	30
Tornillo de retención (DIN 84, 7984 ó 6912)							M3x8	M3x 10	M4x 10	M5x 10	M5x 10	M6x 12	M6x 12	M6x 16	M8x 16	M10x 16	M10x 20	M12x 25	M12x 25	M12x 30	M12x 30	M12x 35	M12x 35	M16x 40	M16x 45	M20x 50	M20x 55
Manguito de sujeción (DIN 1481)							4x8	4x8	5x10	6x12	6x12	8x16	8x16	8x16	10x 20	12x24	12x 24	16x30	16x30	16x30	16x32	32 16x	16x32	20x40	20x40	25x50	25x50

Chavetas DIN 6886

Designación: Chaveta Tipo (A o B) b x h x l DIN 6886
Material St 50-1 K DIN 1652 para h hasta 25
St 60-2 K DIN 1652 para h mayor de 25

Sección de la chaveta	Anchura Altura	b h																									
Sección de	Anchura	b	2	3	4	5	6	8	10	12	14	16	18	20	22	25	28	32	36	40	45	50	56	63	70	80	90	100
la chaveta	Altura	h	2	3	4	5	6	7	8	8	9	10	11	12	14	14	16	18	20	22	25	28	32	36	32	40	45	50
Diámetro	más de	d	6	8	10	12	17	22	30	38	44	50	58	65	75	85	95	110	130	150	170	200	230	260	290	330	380	440
del eje	hasta		8	10	12	17	22	30	38	44	50	58	65	75	85	95	110	130	150	170	200	230	260	290	330	380	440	500
Anchura de la ranura		b	2	3	4	5	6	8	10	12	14	16	18	20	22	25	28	32	36	40	45	50	56	63	70	80	90	100
Profundidad		t1	1,2	1,8	2,5	3	3,5	4	5	5	5,5	6	7	7,5	9	9	10	11	12	13	15	17	20	20	22	25	28	31
ranura del eje		dif.adm	0,1					0,2											0,3									
Profundidad		t2	0,5	0,9	1,2	1,9	2,2	2,4	2,4	2,4	3	3,4	3,4	3,9	4,4	4,4	5,4	6,4	7,1	8,1	9,1	10,1	11,1	11,1	13,1	14,1	16,1	18,1
ranura cubo		dif.adm	0,1					0,2											0,3									

Designación: Chaveta tipo (A ó B) b x h x l DIN 6886

Material   St 50-1 K DIN 1652 para h hasta 25

St 60-2 K DIN 1652 para h mayor de 25

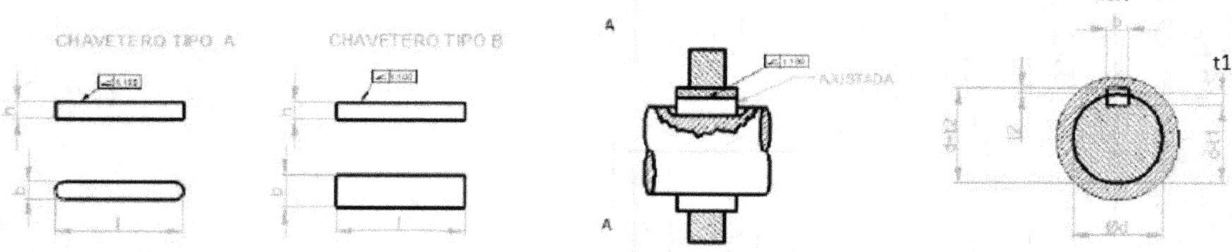

La medida t2 corresponde a la profundidad máxima en el chavetero del cubo y t1 la profundidad máxima del chavetero del eje.

Longitudes (l) b	diferencia Chaveta	admis.Ranura Ancho: b	2	3	4	5	6	8	10	12	14	16	18	20	22	25	28	32	36	40	45	50	56	63	70	80	90	100
6	-0,2	0,2	6	6																								
8			8	8	8																							
10			10	10	10	10																						
12			12	12	12	12																						
14																												
16																												
18																												
20																												
22																												
25																												
28																												
32	-0,3	0,3																										
36																												
40																												
45																												
50																												
56																												
63																												
70																												
80																												
90	-0,5	0,5																										
100																												
110																												
125																												
140																												
160																												
180																												
200																												
220																												
250																												
280																												
320																												
360																												
400																												

LONGITUDES ADMISIBLES PARA CADA UNA DE LAS SERIES DE DIAMETROS

Lengüetas DIN 6888

Designación: Lengüeta b x h DIN 6888

Material: Acero St 60

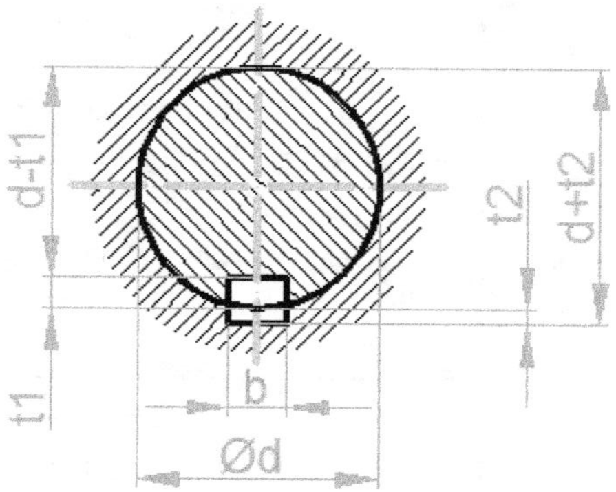

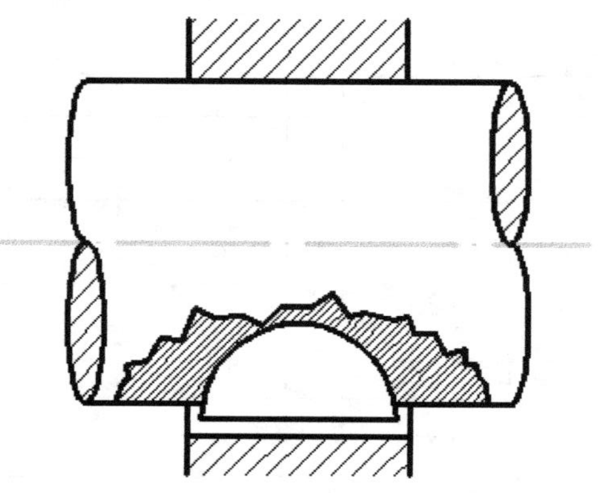

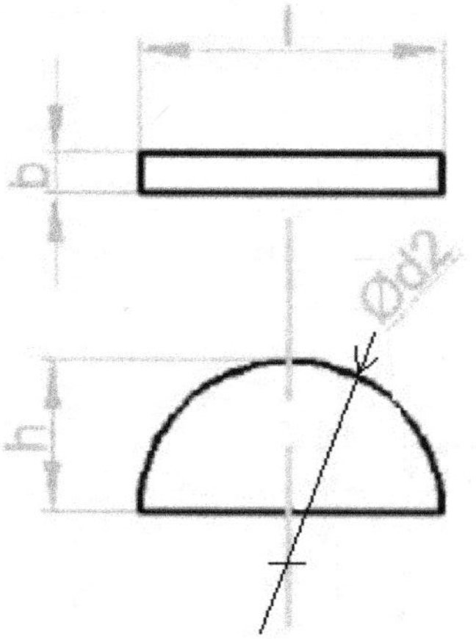

Serie A: Chavetero de cubo alto, a usar preferentemente.

Serie S: Chavetero de cubo bajo, a usar para máquinas herramienta.

Dimensiones de la lengüeta redonda

Seccion de	ancho b h9	1	1,5	2	2	2,5	3	3	3	4	4	4	5	5	5	6	6	6	6	8	8	8	10	10	10
la lengueta	altura h, h12	1,4	2,6	2,6	3,7	3,7	3,7	5	6,5	5	6,5	7,5	6,5	7,5	9	7,5	9	10	11	9	11	13	11	13	16
Para diámetro	más de	3	4	6	6	8	8	8	-	10	10	-	12	12	-	17	17	17	-	22	22	-	30	30	-
del eje d	hasta	4	6	8	8	10	10	10	-	12	12	-	17	17	-	22	22	22	-	30	30	-	38	38	-
Diámetro d2		4	7	7	10	10	10	13	16	13	16	19	16	19	22	19	22	25	28	22	28	32	28	32	45
	dif,adm	0	0	-0,1	-0,1	-0,1	-0,1	-0,1	-0,1	-0,1	-0,1	-0,1	-0,1	-0,1	-0,1	-0,1	-0,1	-0,2	-0,2	-0,1	-0,2	-0,2	-0,2	-0,2	-0,2
Longitud l		3,82	6,76	6,76	9,66	9,66	9,66	12,7	15,7	12,7	15,7	18,6	15,7	18,6	21,6	18,6	21,6	24,5	27,4	21,6	27,4	31,4	27,4	31,4	43,1

Dimensiones del chavetero del eje

Ancho b	Asiento fijo P9	1	1,5	2	2	2,5	3	3	3	4	4	4	**5**	5	5	6	6	6	6	8	8	8	10	10	10
	Asiento ligero N9	1	1,5	2	2	2,5	3	3	3	4	4	4	5	5	5	6	6	6	6	8	8	8	10	10	10
Profundidad tl	Serie A	1	2	1,8	2,9	2,9	2,5	3,8	5,3	3,5	5	6	4,5	5,5	7	5,1	6,6	7,6	8,6	6,2	8,2	10,2	7,8	9,8	12,8
	Serie B	1	2	1,8	2,9	2,9	2,8	4,1	5,6	4,1	5,6	6,6	5,4	6,4	7,9	6	7,5	8,5	9,5	7,5	9,5	11,5	9,1	11,1	14,1
	Dif, adm, para A y B	+0,1	+0,1	+0,1	+0,1	+0,1	+0,1	+0,1	+0,1	+0,1	+0,1	+0,1	+0,1	+0,1	+0,2	+0,1	+0,1	+0,2	+0,2	+0,2	+0,2	+0,2	+0,2	+0,2	+0,2
Diámetro d2 + 0,5		4	7	7	10	10	10	13	16	13	16	19	16	19	22	19	22	25	28	22	28	32	28	32	45

Dimensiones del chavetero del cubo

Ancho b	Asiento fijo P9	1	1,5	2	2	2,5	3	3	3	4	4	4	5	5	5	6	6	6	6	8	8	8	10	10	10
	Asiento ligero J9	1	1,5	2	2	2,5	3	3	3	4	4	4	5	5	5	6	6	6	6	8	8	8	10	10	10
Profundidad t2	Serie A	0,6	0,8	1	1	1	1,4	1,4	1,4	1,7	1,7	1,7	2,2	2,2	2,2	2,6	2,6	2,6	2,6	3	3	3	3,4	3,4	3,4
	Dif, adm, pare A	+0,1	+0,1	+0,1	+0,1	+0,1	+0,1	+0,1	+0,1	+0,1	+0,1	+0,1	+0,1	+0,1	+0,1	+0,1	+0,1	+0,1	+0,1	+0,1	+0,1	+0,1	+0,2	+0,2	+0,2
	Serie B	0,6	0,8	1	1	1	1,1	1,1	1,1	1,1	1,1	1,1	1,3	1,3	1,3	1,7	1,7	1,7	1,7	1,7	1,7	1,7	2,1	2,1	2,1
	Dif, adm, para B	+0,1	+0,1	+0,1	+0,1	+0,1	+0,1	+0,1	+0,1	+0,1	+0,1	+0,1	+0,1	+0,1	+0,1	+0,1	+0,1	+0,1	+0,1	+0,1	+0,1	+0,1	+0,1	+0,1	+0,1

Dimensiones para extremos de ejes cónicos (serie larga y serie corta) DIN 1448

Designación: Extremo de eje D1x L1 DIN 1448.

Ejemplo: Extremo de *eje* de diámetro 200 y longitud 350

Extremo de *eje* 200 x 350 DIN 1448

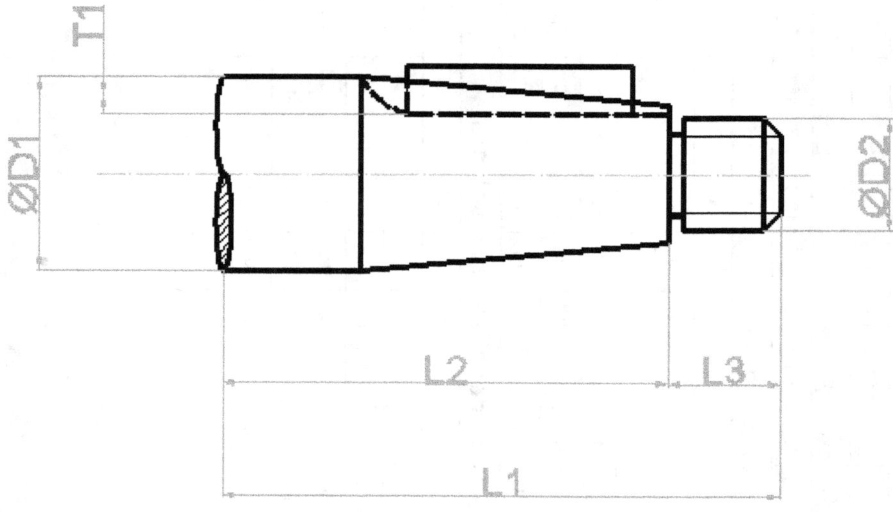

Di	L1		L2		L3	t1		bxh	Rosca D2
	largo	corto	largo	corto		largo	corto		
6	16	-	10	-	6				M4
7									
8	20	-	12	-	8	-	-	-	M6
9									
10	23	-	15	-	8				
11						1,6		2x2	
12	30	-	18	-	12	1,7			M8x1
14						2,3		3x3	
16	40	28	28	16		2,5	2,2		M10x1,25
19						3,2	2,9	4x4	
20	50	36	36	22	14				M12x1,25
22						3,4	3,1		
24						3,9	3,6		
25	60	42	42	24	18	4,1	3,6	5x5	M16x1,5
28									
30	80	58	58	36	22	4,5	3,9		M20x1,5
32									
35						5	4,4	6x6	
38									
40	110	82	82	54	28			10x8	M24x2
42									
45						7,1	6,4		M30x2
48								12x8	
50									M36x3
55						7,6	6,9	14x9	
60	140	105	105	70	35	8,6	7,8	16x10	M42x3
65									
70						9,6	8,8	18x11	M48x3
75									
80	170	130	130	90	40	10,8	9,8	20x12	M56x4
85									
90						12,3	11,3	22x14	M64x4
95									
100	210	165	165	120	45	13,1	12	25x14	M72x4
110									M80x4
120						14,1	13	28x16	M90x4
130						15	13,8		
140	250	200	200	150	50	16	14,8	32x18	M100x4
150									M110x4
160	300	240	240	180	60	18	16,5	36x20	M125x4
170									
180						19	17,5	40x22	M140x6
190	350	280	280	210	70				
200						20	18,3		M160x6
220						22	20,3	45x25	

Rodamientos rígidos de bolas. d 3-160 mm

d	D	B	MODELO
3	10	4	623
4	13	5	624
	16	5	634
5	16	5	625
	19	6	635
6	19	6	626
7	19	6	607
	22	7	627
8	22	7	608
9	24	7	609
	26	8	629
10	26	8	6000
	30	9	6200
	35	11	6300
12	28	8	6001
	32	10	6201
	37	12	6301
15	32	9	6002
	35	11	6202
	42	13	6302
17	35	10	6003
	40	12	6203
	47	14	6303
	62	17	6403
20	42	12	6004
	47	14	6204
	52	15	6304
	72	19	6404
25	47	12	6005
	52	15	6205
	62	17	6305
	80	21	6405
30	55	13	6006
	62	16	6206
	72	19	6306
	90	23	6406
35	62	14	6007
	72	17	6207
	80	21	6307
	100	25	6407

d	D	B	MODELO
40	68	15	6008
	80	18	6208
	90	23	6308
	110	27	6408
50	80	16	6010
	60	20	6210
	110	27	6310
	130	31	6410
55	90	18	6011
	100	21	6211
	120	29	631 1
	140	33	6411
60	95	18	6012
	110	22	6212
	130	31	6312
	150	35	6412
65	100	18	6013
	120	23	6213
	140	33	6313
	160	37	6413
70	110	20	6014
	125	24	6214
	150	35	6314
	180	42	6414
75	115	20	6015
	130	25	6215
	160	37	6315
	190	45	6415
80	125	22	6016
	140	26	6216
	170	39	6316
	200	48	6416
85	130	22	6017
	150	28	6217
	180	41	6317
	210	52	6417
90	140	24	6018
	160	30	6218
	190	43	6318
	225	54	6418

Roda ientos r idos de olas d 9

d	D	B	MODELO
95	145	24	6019
	170	32	6219
	200	45	6319
100	150	24	6020
	180	34	6220
	215	47	6320
105	160	26	6021
	190	36	6221
	225	49	6321
110	170	28	6022
	200	38	6222
	240	50	6322
120	180	28	6024
	215	40	6224
	260	55	6324
130	230	40	6226
	280	58	6326
140	250	42	6228
	300	62	6328
150	270	45	6230
	320	62	6330
160	290	48	6232

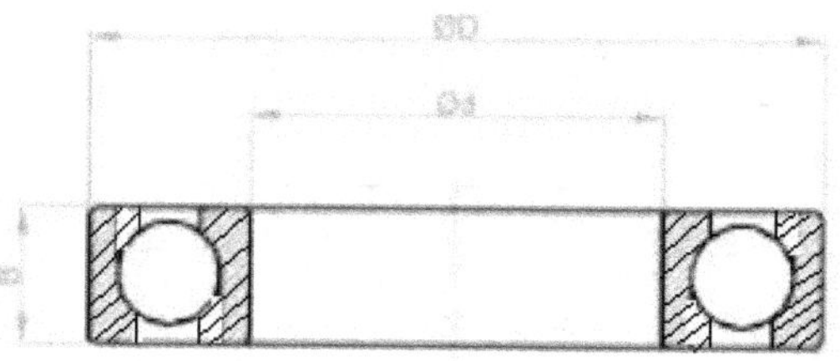

Rodamiento de bolas de contacto angular de una hilera.

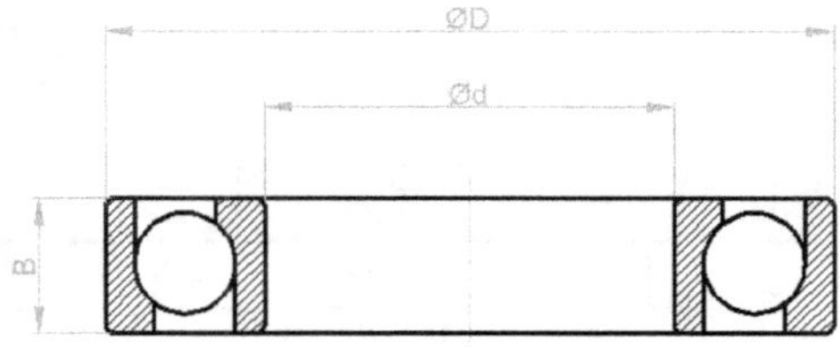

d	D	B	MODELO
10	30	9	7200 B
12	32	10	7201 B
15	35	11	7202 B
	42	13	7302 B
17	40	12	7203 B
	47	14	7303 B
20	47	14	7204 B
	52	15	7304 B
25	52	15	7205 B
	62	17	7305 B
30	62	16	7206 B
	72	19	7306 B
35	72	17	7207 B
	80	21	7307 B
40	80	18	7208 B
	90	23	7308 B
45	85	10	7209 B
	100	25	7309 B
50	90	20	7210 B
	110	27	7310 B
55	100	21	7211 B
	120	29	7311 B
60	110	22	7212 B
	130	31	7312 B
65	120	23	7213 B
	140	33	7313 B
70	125	24	7214 B
	150	35	7314 B
75	130	25	7215 B
	160	37	7315 B
80	140	26	7216 B
	170	39	7316 B
85	150	28	7217 B
	180	41	7317 B
90	160	30	7218 B
	190	43	7318 B
95	170	32	7219 B
	200	45	7319 B
100	180	34	7220 B
	215	47	7320 B
105	225	49	7321B
110	200	38	7222 B
	240	50	7322 B
120	215	40	7224 B
	260	55	7324 B

Rodamiento de bolas de contacto angular de dos hileras.

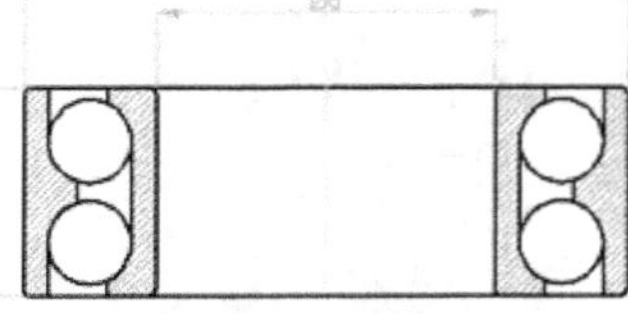

d	D	B	MODELO
10	30	14	3200
12	32	15,9	3201
15	35	15,9	3202
	42	19	3302
17	40	17,5	3203
	47	22,2	3303
20	47	20,6	3204
	52	22,2	3304
25	52	20,6	3205
	62	25,4	3305
30	62	23,8	3206
	72	30,5	3306
35	72	27	3207
	80	34,9	3307
40	80	30,2	3208
	90	36,5	3308
45	85	30,2	3209
	100	39,7	3309
50	90	30,2	3210
	110	44,4	3310
55	100	33,3	3211
	120	49,2	331 1
60	110	36,5	3212
	130	54	3312
65	120	38,1	3213
	140	58,7	3313
70	125	39,7	3214
	150	63,5	3314
75	130	41,3	3215
	160	68,3	3315
80	140	44 ,4	3216
	170	68,3	3316
85	150	49,2	3217
	180	73	3317
90	160	52,4	3218
	190	73	3318
95	170	55,6	3219
	200	7,8	3219
100	180	60,3	3220
	215	82,6	3320

Rodamientos de bolas a rótula. d 10 - 90 mm

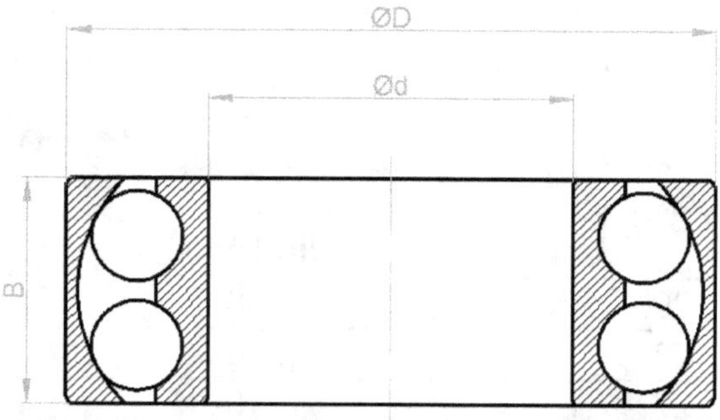

d	D	B	MODELO	
			Agujero cilíndrico	Agujero cónico
10	30	9	1200	-
	30	14	2200	-
12	32	10	1201	-
	32	14	2201	-
	37	17	2301	-
15	35	11	1202	-
	35	14	2202	-
	42	13	1302	-
	42	17	2302	-
17	40	12	1203	-
	40	16	2303	-
	47	14	1303	-
	47	19	2303	-
20	47	14	1204	-
	47	18	2204	-
	52	15	1304	-
	52	21	2304	
25	52	15	1205	1205 k
	52	18	2205	2205 k
	62	17	1305	1305 k
	62	24	2305	
30	62	16	1206	1206 k
	62	20	2206	2206 k
	72	19	1306	1306 k
	72	27	2306	2306 k
35	72	17	1207	1207 k
	72	23	2207	2207 k
	80	21	1307	1307 k
	80	31	2307	2307 k
40	80	16	1208	1208 k
	80	23	2208	2208 k
	90	23	1308	1308 k
	90	33	2308	2308 k
45	85	19	1209	1209 k
	85	23	2209	2209 k
	100	25	1309	1309 k
	100	36	2309	2309 k

Rodamientos de bolas a rótula (continuación).

d	D	B	MODELO	
			Agujero cilíndrico	Agujero cónico
50	90	20	1210	1210 k
	90	23	2210	2210 k
	110	27	1310	1310 k
55	100	21	1211	1211 k
	100	25	2211	2211 k
	120	29	1311	1311 k
	120	43	2311	2311 k
60	110	22	1212	1212 k
	110	28	2212	2212 k
	130	31	1312	1312 k
	130	46	2312	2312 k
65	120	23	1213	1213 k
	120	31	2213	2213 k
	140	33	1313	1313 k
	140	48	2313	2313 k
70	125	24	1214	-
	125	31	2214	-
	150	35	1314	-
	150	51	2314	-
75	130	25	1215	1215 k
	130	31	2215	2215 k
	160	37	1315	1315 k
	160	55	2315	2315 k
80	140	26	1216	1216 k
	140	33	2216	2216 k
	170	39	1316	1316 k
	170	58	2316	2316 k
85	150	28	1217	1217 k
	150	36	2217	2217 k
	180	41	1317	1317 k
	180	60	2317	2317 k
90	160	30	1218	1218 k
	160	40	2218	2218 k
	190	43	1318	1318 k
	190	64	2318	2318 k

Rodamientos axiales de bolas de simple efecto. d 10·320 mm

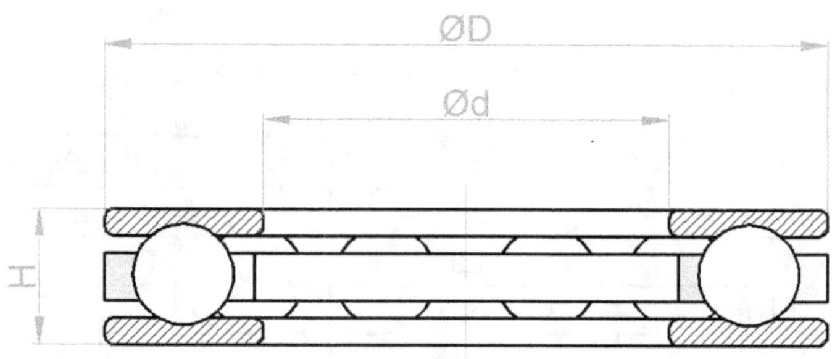

d	D	H	MODELO
10	24	9	51100
	26	11	51200
12	26	9	51101
	28	11	51201
15	28	9	51102
	32	12	51202
17	30	9	51103
	35	12	81203
20	35	10	51104
	40	11	51204
25	42	11	51105
	47	15	51205
	52	18	51305
	60	24	51405
30	47	11	51106
	52	16	51206 X
	60	21	51306
	70	28	51406
35	52	12	51107 X
	62	18	51207
	68	24	51307
	80	32	51407
40	60	13	51108
	68	19	51208
	78	26	51308
	90	36	51408
45	65	14	21109
	73	20	51209
	85	28	51309
	100	39	51409
50	70	14	51110
	78	22	51210
	95	31	51310
	110	43	51410
55	78	16	511 11
	90	25	51211
	105	35	51311
	120	48	51411

Rodamientos axiales de bolas de simple efecto (continuación)

d	D	H	MODELO
60	85	17	21112
	95	26	51212
	110	35	51312
	130	51	51412
65	90	18	51113
	100	27	51213
	115	36	51313
	140	56	51413
70	95	18	51114
	105	27	51214
	125	40	51314
	150	60	51414
75	100	19	511 15
	110	27	51215
	135	44	51315
	160	65	51415
80	105	19	51 116
	115	28	51216
	140	44	51316
	170	68	51416
85	110	19	51117
	125	31	51217
	150	49	51317
	180	72	51417
90	120	22	51118
	135	35	51218
	155	50	51318
	190	77	51418
100	135	25	21120
	150	38	51220
	170	55	51320
	210	85	51420
110	145	25	51122
	160	38	51222
	190	63	51322
120	155	25	51124
	170	39	51224
	210	70	21324

Rodamientos axiales de bolas de simple efecto (continuación)

d	D	H	MODELO
130	170	30	51126
	190	45	51226
	225	75	51326
140	180	31	51128
	200	46	51228
	240	80	51328
150	190	31	51130
	215	50	51230
	250	80	21330
160	200	31	51132
	225	51	51232
	270	87	51332
170	215	34	51134
	240	55	51234
	280	87	51334
180	225	34	51 136
	250	56	51236
	300	95	51336
190	240	37	51138
	270	62	51238
200	250	37	51140
	280	62	51240
220	270	37	51144
	300	63	21244
240	300	45	51148
	340	48	51248
260	320	45	51152
	360	79	51252
280	350	53	51156
	380	80	51256
300	380	62	51160
	420	95	51260
320	400	63	51 164
	440	95	51264

Rodamientos axiales de bolas de doble efecto. d 20· 85 mm

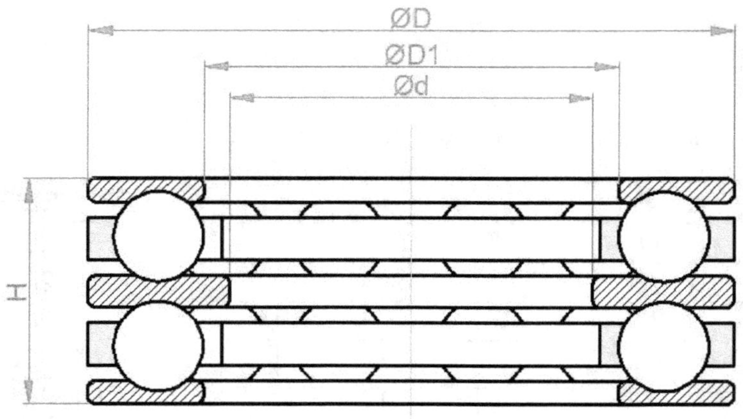

d	D	D1	H	MODELO
20	47	27	28	52205
	52	27	34	52305
	70	32	52	52406
25	52	32	29	52206
	60	32	38	52306
	80	37	59	52407
30	62	37	34	52207
	68	42	36	52208
	68	37	44	52307
	78	42	49	52308
	90	42	65	52408
35	73	47	37	52209
	85	47	52	52309
	100	47	72	52409
40	78	52	39	52210
	95	52	58	52310
	110	82	78	52410
45	90	57	45	52211
	105	57	64	52311
	120	57	87	52411
50	95	62	46	52412
	110	62	64	52314
	130	62	93	52412
55	100	67	47	52213
	115	67	65	52313
	125	72	72	52314
60	110	77	47	52215
	135	77	79	52315
65	115	82	48	52216
	140	82	79	52316
70	125	88	55	52317
	150	88	87	52317
75	135	93	62	52218
85	150	103	67	52220
	170	103	97	52320

Rodamientos de rodillos cilíndricos. d 15 ·120 mm. Tipo NU-N

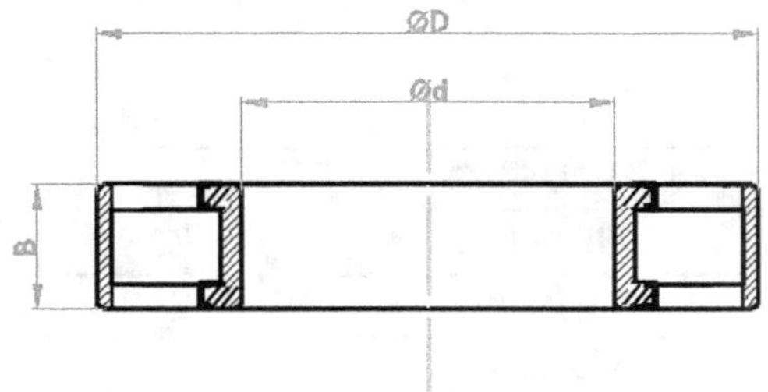

TIPO N

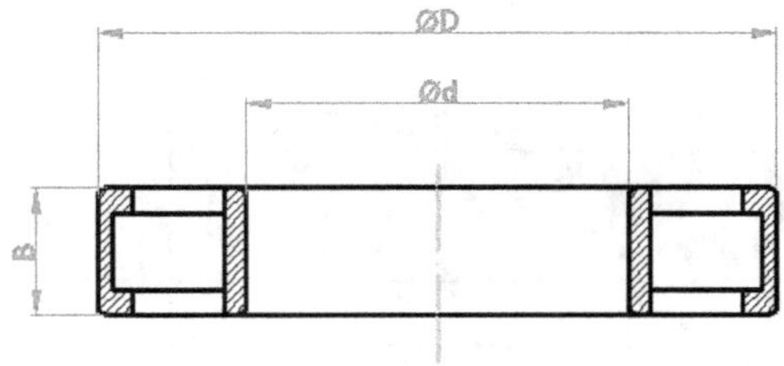

Tipo NU

d	D	B	MODELO	
			TIPO NU	TIPO N
15	35	11	NU 202	-
17	40	12	NU 203	
	40	16	NU 2203	
	47	14	NU 303	N 303
20	47	14	NU 204	N 204
	47	18	NU 2204	
	52	15	NU304	
25	52	15	NU 205	N 205
	52	18	NU 2205	
	62	17	NU 305	N 305
	62	24	NU 2305	
30	62	16	NU 206	N 206
	62	20	NU 2206	
	72	19	NU 306	N 306
	72	27	NU 2306	
35	72	17	NU 207	N 207
	72	23	NU 2207	-
	80	21	NU 307	N 307
	80	31	UN 2307	
40	80	18	UN 208	N 208
	80	23	NU 2208	
	90	23	NU 308	N 308
	90	33	NU 2308	
45	85	19	NU 209	N 209
	85	23	NU 2209	
	100	25	NU 309	N 309
	100	36	NU 2309	
50	90	20	NU 210	N 210
	90	23	NU2210	-
	110	27	UN 310	N 310
	110	40	NU 2310	-
55	100	21	NU 211	N 211
	100	25	NU 2311	-
	120	29	NU 311	N 311
	120	43	NU 231 1	
60	110	22	NU 212	N 212
	110	28	NU 2212	
	130	31	NU312	N 312
	130	46	NU 2312	-

..Continuación de Rodamientos de rodillos cilíndricos

d	D	B	MODELO	
			TIPO NU	TIPO N
65	120	23	NU 213	N 213
	120	31	NU 2213	-
	140	33	NU 313	N 313
	140	48	NU 2313	-
70	125	24	NU 214	N 214
	125	31	NU 2214	-
	150	35	NU 314	N 314
	150	51	NU 2314	-
75	130	25	NU 215	N 215
	130	31	NU 2215	-
	160	37	NU 315	N 315
	160	55	NU 2315	-
80	140	26	NU 216	N 216
	140	33	NU 2216	-
	170	39	NU 316	N 316
	170	58	NU 2316	-
85	150	28	NU 217	N 217
	150	36	NU 2217	-
	180	41	NU 317	N 31 7
	180	60	N 2317	-
90	160	30	NU218	N 218
	160	40	NU2218	-
	190	43	NU 318	N 318
	190	64	NU 2318	-
95	170	32	NU 219	N219
	170	43	NU 2219	-
	200	45	NU 319	N 319
	200	67	NU 2319	-
100	180	34	NU 220	N 220
	180	46	NU 2220	-
	215	47	NU 320	N 320
	215	73	NU 2320	-
110	200	38	NU222	N 222
	200	53	NU 2222	-
	240	50	NU 322	N 322
120	215	40	NU 224	N 224
	215	58	NU 224	-
	260	55	NU 324	N 324

Rodamientos de rodillos cónicos. d 15·240 mm

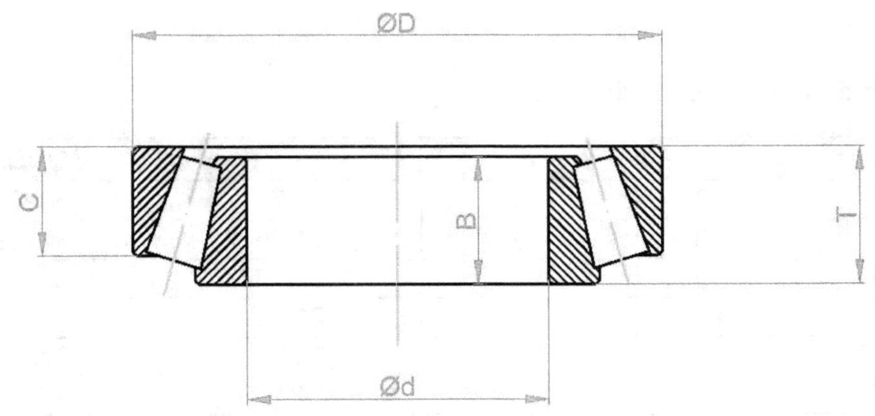

d	D	B	c	T	MODELO
15	42	13	11	14,25	30302
17	40	12	11	1325	30203
	47	14	12	45,25	30303
	41	19	16	20,25	32303
20	42	15	12	15	32004 X
	41	14	12	15,25	30204
	52	15	13	16,25	30304
	52	21	18	22,25	32304
25	47	15	11,5	15	32005 X
	52	15	13	16,25	30205
	62	17	15	18,25	30305
	62	17	13	18,25	31305
	62	24	20	25,25	32305
30	55	17	13	17	32006 X
	62	16	14	17,25	30206
	62	20	17	21,25	32206
	72	19	16	20,15	30306
	72	19	14	20,15	31306
	72	21	23	28,75	32306
35	62	18	14	18	32007 X
	72	17	15	1825	30207
	72	23	19	24,25	32207
	80	21	18	22,75	30307
	80	21	15	22,75	31307
	80	31	25	32,15	32307
40	68	19	14,5	19	32008 X
	80	18	16	19,15	30208
	60	23	19	24,15	32208
	90	23	20	25,25	30308
	90	23	17	25,25	31308
	90	33	27	35,25	32308
45	75	20	15,2	50	20009 X

..Continuación de **Rodamientos de rodillos cónicos**

d	D	B	c	T	MODELO
	85	19	16	20,75	30209
	85	23	19	24,75	32209
	100	25	22	27,25	30309
	100	25	18	21,25	31309
	100	36	30	38,25	32309
50	80	20	15,2	20	32010 X
	90	20	17	21,15	30210
	90	23	19	24,15	32210
	110	21	23	29,25	30310
	110	21	19	29,25	31310
	110	40	33	42,25	32310
55	90	23	17,5	23	32011 X
	100	21	18	22,15	30211
	100	25	21	26,15	32211
	120	29	25	31,5	30311
	120	29	21	31 ,5	31311
	120	43	35	45,5	32311
60	95	23	17,5	23	32012 X
	110	22	19	23,15	30212
	110	28	24	29,15	32212
	130	31	26	33,5	30312
	130	31	22	33,5	31312
	130	46	31	46,5	32312
65	100	23	17,5	23	32013 X
	120	23	20	24,15	30213
	120	31	21	32,15	32213
	140	33	28	36	30313
	140	33	23	36	31313
	140	48	39	51	32313
70	110	25	19	25	32014 X
	125	24	21	26,25	30214
	125	31	27	33,25	32214

..Continuación **Rodamientos de rodillos cónicos**

d	D	B	c	T	MODELO
	150	35	30	38	30314
	150	35	25	38	31314
	150	51	42	54	32314
75	115	25	19	25	32015 X
	130	25	22	27,25	30215
	130	31	21	33,25	32215
	160	31	31	40	30315
	160	31	26	40	31315
	160	55	45	58	32315
80	125	29	22	29	32016 X
	140	26	22	28,25	30216
	140	33	28	35,25	32216
	110	39	33	42,5	30316
	110	39	21	42,5	31316
	110	58	46	61 ,5	32316
85	130	29	22	29	32017 X
	150	28	24	30,5	30211
	150	36	30	38,5	32217
	180	41	34	44,5	30317
	180	41	28	44,5	31317
	180	60	49	635	32317
90	140	32	24	32	32018 X
	160	30	26	32,5	30218
	160	40	34	42,5	32218
	190	43	36	46,5	30318
	190	3	30	46,5	31318
	190	64	53	615	32318
95	145	32	24	32	32019 X
	110	32	21	34,5	30219
	170	43	37	45,5	32219
	200	45	38	49,5	30319

d	D	B	c	T	MODELO
	200	67	55	71,5	32319
100	150	32	24	32	32020 X
	180	34	29	31	30220
	180	46	39	49	32220
	215	47	39	51 ,5	30320
	215	73	60	77,5	32320
105	160	35	26	35	32021 X
	190	36	30	39	30221
	190	50	43	53	31221
	225	77	63	81 ,5	32321
110	170	38	29	38	32022 X
	200	38	32	41	30222
	200	53	46	56	32222
	240	80	65	84,5	32322
120	180	38	29	38	32024 X
	215	40	34	43,5	30224
	215	56	50	61,5	32224
	260	86	69	90,5	32324
130	200	45	34	45	32026 X
	230	40	34	43,75	30226
	230	64	54	67,75	32226
140	210	45	34	45	32028 X
	250	45	36	45,15	30228
	250	68	58	71,75	32228
150	225	48	36	48	32030 X
	270	45	38	49	30230
	270	13	60	77	32230
160	240	51	38	51	32032 X
	290	46	40	52	30232
	290	80	61	84	32232
170	260	57	43	57	32034 X
	310	52	43	57	30234
180	280	64	48	64	62036 X
	320	52	43	57	30236
190	290	64	46	64	62038 X
200	310	70	53	70	32040 X
220	340	76	56	76	32044 X
240	360	76	57	76	32048 X

Rodamientos de rodillos a rótula. d 20 - 320 mm

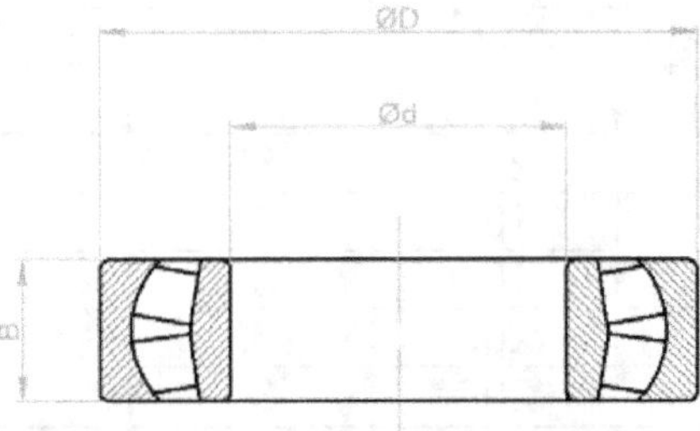

d	D	B	Agujero cilíndrico	Agujero cónico
20	52	15	21304 C	
25	52	18	22205 C	
	62	17	21305 C	
30	62	20	22206 C	
	72	19	21306 C	
35	72	23	22207 C	22207 CK
	80	21	21307 C	
40	80	23	22208 C	22208 CK
	90	23	21308 C	21308 CK
	90	33	22308 C	22308 CK
45	85	23	22209 C	22209 CK
	100	25	21309 C	21309 CK
	100	36	22309 C	22309 CK
50	90	23	22210 C	22210 CK
	110	27	21310 C	21310 CK
	110	40	22310 C	22310 CK
55	100	25	22111 C	22211 CK
	120	29	21311 C	21311 CK
	120	43	22311 C	22311 CK
60	110	28	22212 C	22212 CK
	130	31	21312 C	21312 CK
	130	46	22312 C	223 12 CK
65	120	31	22213 C	22213 CK
	140	33	21313 C	21313 CK
	140	48	22313 C	22313 CK
70	125	31	22214 C	22214 CK
	150	35	21314 C	21314 CK
	150	51	22314 C	22314 CK
75	130	31	22215 C	22215 CK
	160	37	21315C	21215 CK
	160	55	22315 C	22315 CK
80	140	33	22216 C	22216 CK
	170	39	21316 C	21316 CK
	170	58	22316 C	22316 CK
85	150	36	22217 C	22217 CK
	180	41	21317 C	21317 CK
	180	60	22317 C	22317 CK
90	160	40	22218 C	22218 CK
	160	52,4	23218 C	23218 CK
	190	43	21318 C	2˙318 CK
	190	64	22318 C	23218 CK
100	165	52	23120 C	23120 CK
	180	46	22220 C	22220 CK
	180	60,3	22110 C	23220 CK
	215	47	21320 C	21320 CK
	215	73	22320 C/W33	22320CK/W33
110	170	45	23022 C	
	180	56	23122 C	23122 CK
	180	69	24122 C	24122CK30
	200	53	22222 C	22222 CK
	200	69,8	23222 C	23222 CK

d	D	B	Agujero cilíndrico	Agujero cónico
	240	80	22322C/W33	22322CK/W33
120	180	46	23024 C	23024 CK
	180	60	24024 C	24024 CK30
	200	62	23124 C	23124 CK
	200	80	24124 C	24124 CK30
	215	58	22224C/W33	22224CK/W33
	215	76	23224C/W33	23224CK/W33
	260	86	22324C/W33	22324CK/W33
130	200	52	23026 C	23026 CK
	200	69	24026 C	24026 CK30
	210	64	23126C/W33	23126CK/W33
	210	80	24126C/W33	24126CK/W33
	230	64	22226C/W33	22226CK/W33
	230	80	23226C/W33	22326CK/W33
	280	93	22326C/W33	22326XK/W33
140	210	53	23028C/W33	23028CK/W33
	210	69	24028C/W33	24028CK30/W33
	225	68	23128C/W33	23128 CK/W33
	225	85	24128C/W33	24128CK30/W33
	250	68	22228C/W33	22228CK/W33
	250	88	23228C/W33	23228CK/W33
	300	102	22328C/W33	22328CK/W33
150	225	56	23030C/W33	23030CK/W33
	225	75	24030C/W33	24030CK30/W33
	250	80	23130C/W33	23130CK/W33
	250	100	24130C/W33	24130CK30/W33
	270	73	22230C/W33	22230CK/W33
	270	96	23230C/W33	23230CK/W33
	320	108	22330C/W33	2330CK/W33
160	240	60	23032C/W33	23032CK/W33
	240	80	24032C/W33	24032CK30/W33
	270	86	23132/W33	23132CK/W33
	270	109	24132/W33	24132CK30/W33
	260	67	23034C/W33	23034CK/W33
170	260	90	24034C/W33	24034CK30/W33
	280	88	23134C/W33	23134CK/W33
	280	109	24134C/W33	24 134CK30/W33
	310	86	22234C/W33	22234XK/W33
	310	110	23234C/W33	23234CK/W33
	360	120	22334C/W33	22334CK/W33
180	280	74	23036C/W33	23036CK/W33
	280	100	24036C/W33	24036CK30/W33
	300	96	23136C/W33	23136CK/W33
	300	118	24136C/W33	24136XK30/W33
	320	86	22236C/W33	22236CK/W33
	320	112	23236C/W33	23236CK/W33
190	380	126	22336C/W33	22336CK/W33
	290	75	23038C/W33	23038CK/W33
	290	100	24038C/W33	24038CK30/W33
	320	104	23138C/W33	23138CK/W33

Rodamientos de rodillos a rótula.

d	D	B	Agujero cilíndrico	Agujero cónico
190	320	128	24138C/W33	24138CK30/W33
	340	92	22238C/W33	22238CK/W33
	340	120	23238C/W33	23238CK/W33
	400	132	22338C/W33	22338CK/W33
200	310	82	23040C/W33	23040CK/W33
	310	109	24040C/W33	24040CK30/W33
	340	112	23140C/W33	23140CK/W33
	360	98	22240C/W33	22240CK/W33
	360	128	23240C/W33	23240CK/W33
	420	138	22340C/W33	22340CK/W33
220	340	90	23044C/W33	23044CK/W33
	340	118	24044C/W33	24044CK30/W33
	370	120	23144C/W33	24044CK/W33
	370	150	24144C/W33	24144CK30/W33
	400	108	22244C/W33	22244CKI/33
	400	144	23244C/W33	23244CK/W33
	460	145	22344C/W33	22344CK/W33
240	360	92	23048C/W33	23048CK/W33
	360	118	24048C/W33	24048CK30/W33
	400	128	23148C/W33	23148CK/W33
	400	160	24148C/W33	24148CK30/W33
	440	120	22248C/W33	22248CK/W33
	440	160	23248C/W33	23248CK/W33
	500	155	22348C/W33	24152CK30/W33
260	400	104	23052C/W33	23052CK/W33
	400	140	24052C/W33	24052CK30/W33
	440	144	23152C/W33	23152CK/W33
	440	180	24152C/W33	24152CK/W33
280	420	106	23056C/W33	23056CK/W33
	420	140	24056C/W33	24056CK30/W33
	460	146	23156C/W33	23156CK/W33
	460	180	24156C/W33	24156CK30/W33
300	460	118	23060C/W33	23060CK/W33
	460	160	24060C/W33	24060CK30/W33
	500	160	23160CA/W33	23160CAK/W33
	500	200	24160C/W33	24160CK30/W33
320	480	121	23064C/W33	23064CK/W33
	480	160	24064C/W33	24064CK30/W33
	540	176	23164CA/W33	23164CAK/W33
	540	218	24164CAB/W33	24164CABK30/W33

Coronas de agujas. d 10-70 mm

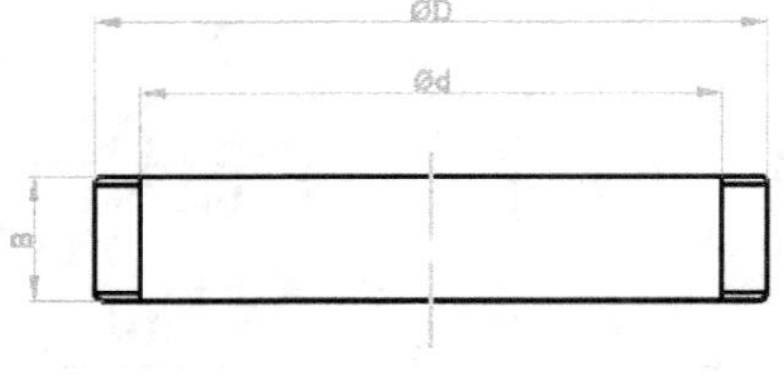

Tipo K

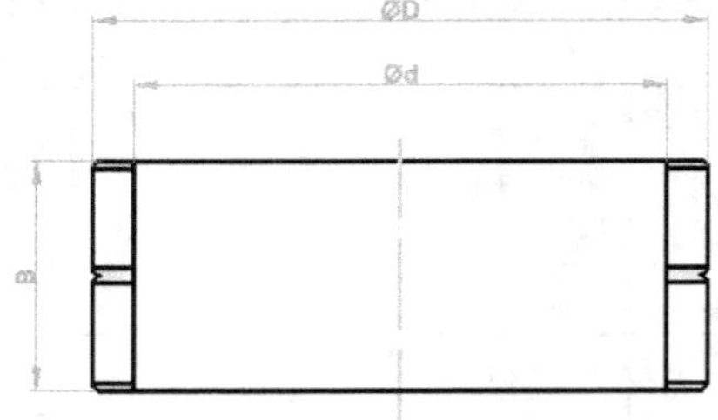

Tipo K ...ZW

d	D	B	MODELO
10	13	16	K 10x13x16
12	15	9	K 12x15x9
	16	8	K 12x16x8
	16	10	K 12x16x10
14	18	10	K 14x18x10
	18	13	K 14x18x13
	18	15	K 14x18x15
	18	17	K 14x18x17
	20	12	K 14x20x12
15	19	10	K 15x19x10
	19	13	K 15x19x13
	19	17	K 15x19x17
	20	13	K 15x20x13
	21	15	K 15x21x15
	21	21	K 15x21x21
	19	24	K15x19x24**ZW**
16	20	10	K 16x20xl0
	20	13	K 16x23x13
	20	17	K 16x20x17
	22	12	K 16x22x12
	22	13	K 16x22x13
	22	16	K 16x22x16
	22	20	K 16x22x20
	24	20	K 16x24x20
18	22	10	K 18x22x10
	22	13	K 18x22x13
	22	17	K 18x22x17
	24	12	K 18x24x12
	24	13	K 18x24x13
	24	20	K 18x24x20
	25	22	K 18x25x22
20	24	10	K20x24x10
	24	13	K 20x24x13
	24	17	K20x27x17
	26	12	K 20x26x12
	26	13	K20x26x13
	26	17	K 20x26x17
	26	20	K 20x26x20
	28	20	K20x28x20
	28	25	K 20x28x25
	30	30	K 20x30x30
22	26	10	K22x26x10
	26	13	K 22x26x13

Coronas de agujas (continuación)

d	D	B	MODELO
	26	17	K22x26x17
	28	17	K 22x28x17
	29	16	K 22x29x16
25	29	10	K 25x29xl0
	29	13	K 25x29x13
	29	17	K 25x29x17
	30	20	K 25x30x20
	31	17	K 25x31x17
	31	21	K 25x31x21
	32	16	K 25x32x16
	33	20	K 25x33x20
	33	24	K 25x33x24
		30	K25x35x30
	30	26	K25x30x26**ZW**
28	33	13	K 28x33x13
	33	17	K 28x33x17
	34	17	K 28x34x17
	35	16	K 28x35x16
	35	18	K 28x35x18
30	34	13	K 30x34x13
	35	13	K30x35x13
	35	17	K30x35x17
	35	27	K30x35x27
	37	16	K30x37x16
	37	18	K30x37x18
	40	30	K30x40x30
	35	26	K 30x35x26
35	40	13	K 35x40x13
	40	17	K 35x40x17
	42	16	K 35x42x16
	42	18	K 35x42x18
	42	30	K35x42x30
	40	30	K35x40x30**ZW**
	40	32	K35x40x32**ZW**
40	45	17	K40x45x17
	45	27	K40x45x27
	46	17	K40x46x17
	47	18	K40x47x18
	48	20	K40x48x20
	45	30	K40x45x30**ZW**
45	50	17	K45x50x17
	50	27	K45x50x27
	52	18	K45x52x18

Coronas de agujas (continuación)

d	D	B	MODELO
45	53	20	K45x53x20
	53	28	K45x53x28
	51	36	K45x51x36ZW
50	55	20	K 50x55x20
	55	30	K 50x55x30
	57	18	K 50x57x18
	58	20	K 50x58x20
	58	25	K 50x58x25
55	60	20	K 55x60x20
	60	30	K 55x60x30
	62	18	K 55x62x18
	63	20	K 55x63x20
	63	25	K 55x63x25
	63	32	K 55x63x32
	60	40	K55x60x40ZW
60	65	20	K 60x65x20
	65	30	K 60x65x30
	68	20	K 60x68x20
	68	30	K 60x68x30
	68	25	K 60x68x25
	66	33	K60x66x33ZW
	66	40	K60x66x40ZW
	68	30	K60x68x30ZW
	68	40	K60x68x40ZW
65	70	20	K65x70x20
	70	30	K65x70x30
	73	23	K65x73x23
	73	30	K 65x73x30
70	76	20	K 70x76x20
	76	30	K 70x76x30
	78	25	K 70x78x25
	78	30	K 70x78x30
	78	46	K70x78x46ZW
	80	30	K 70x80x30

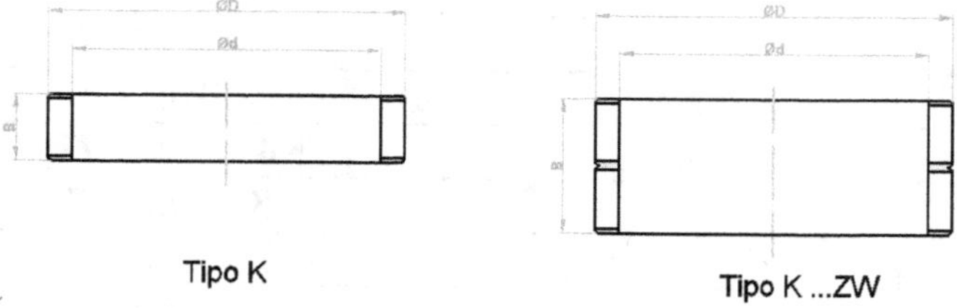

Tipo K   Tipo K ...ZW

Casquillos de agujas con fondo (serie BK) y Casquillos de agujas (serie HK)
d3 - 60 mm

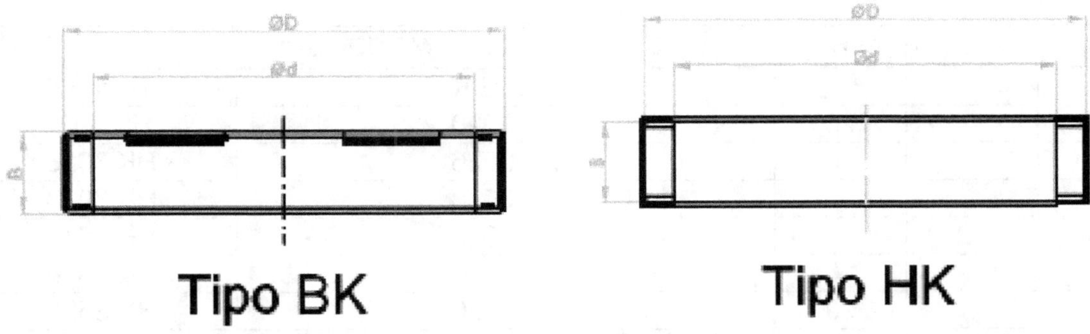

Tipo BK   Tipo HK

d	D	B	MODELO	
			Tipo BK	Tipo HK
3	6,5	6	BK 0306	HK 0306
4	8	8	BK 0408	HK 0408
5	9	9	BK 0509	HK 0509
6	10	8	BK 0608	HK 0608
		9	BK 0609	HK 0609
7	11	9	BK 0709	HK 0709
8	12	8	BK 0808	HK 0808
		10	BK 0810	HK0810
9	13	8	BK 0908	HK 0908
		10	BK 0910	HK0910
		12	BK 0912	HK0912
10	14	10	BK 1010	HK 1010
		12	BK 1012	HK 1012
		15	BK 1015	HK 1015
12	16	10	BK 1010	HK 1010
		12	BK 1212	HK 1212
14	20	12	BK 1412	HK 1412
15	21	12	BK 1512	HK 1512
		16	BK 1516	HK 1516
		22	BK 1522	HK 1522
16	22	12	BK 1612	HK 1612
		16	BK 1616	HK 1616
		22	BK 1622	HK 1622
18	24	12	BK 1812	HK 1812
		16	BK 1816	HK 1816
20	26	10	-	HK 2010
		12	BK 2012	HK 2012
		16	BK 2016	HK 2016
		20	BK 2020	HK 2020
		30	BK 2030	HK 2030
22	28	10	-	HK2210
		12	BK 2212	HK2212
		16	BK 2216	HK2216
		20	BK 2220	HK 2220
25	32	12	BK 2512	HK2512
		16	BK 2516	HK2516
		20	BK 2520	HK 2520
		26	BK 2526	HK 2526
		38	BK 2536	HK 2536
28	35	16	BK 2816	HK2816
		20	BK 2820	HK 2820
30	37	12	BK 3012	HK 3012
		16	BK 3016	HK 3016

d	D	B	MODELO	
			Tipo BK	**Tipo HK**
30	37	20	BK 3020	HK 3020
		26	BK 3026	HK 3026
		38	BK 3038	HK 3038
35	42	12	BK 3512	HK 3512
		16	BK 3516	HK 3516
		20	BK 3520	HK 3520
40	47	12	BK 4012	HK4012
		16	BK 4016	HK4016
		20	BK4020	HK4020
45	52	12	-	HK 4512
		16	BK4516	HK4516
		20	BK4520	HK4520
50	58	20	BK 5020	HK 5020
		25	BK 5025	HK 5025
55	63	20	BK 5520	HK 5520
		28	BK 5528	HK 5528
60	68	12	BK 6012	HK 6012
		30	BK 6030	HK 6030
		32	BK 6032	HK 6032

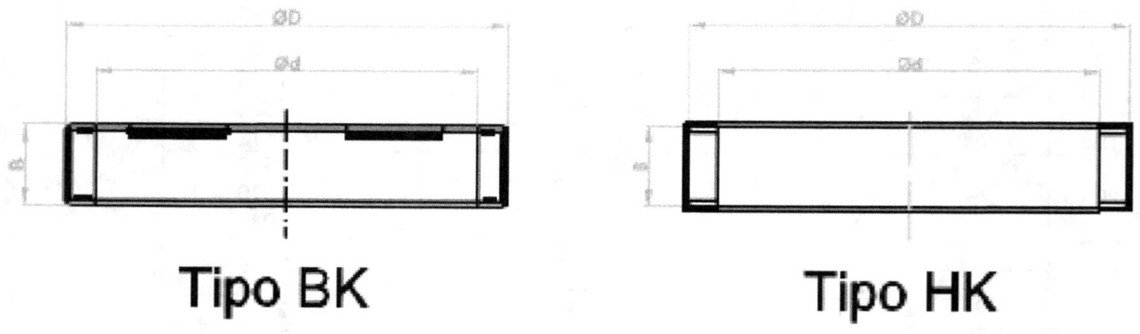

Tipo BK   Tipo HK

Rodamientos de agujas
sin aro interior. d 14 - 415 mm

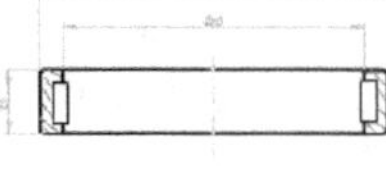

Serie RNA49

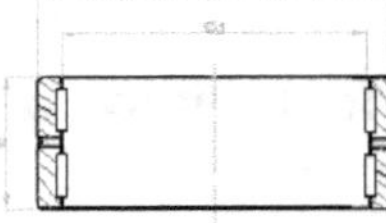

Serie RNA 69

d	D	B	MODELO
14	22	13	RNA4900
16	24	13	RNA4901
		22	RNA6901
20	28	13	RNA4902
		23	RNA6902
22	30	13	RNA4903
		23	RNA6903
25	37	17	RNA4904
		30	RNA6904
28	39	17	RNA49/22
		30	RNA 69/22
30	42	17	RNA4905
		30	RNA6905
32	45	17	RNA49/28
		30	RNA69/28
35	47	17	RNA4906
		30	RNA6906
40	52	20	RNA49/32
		26	RNA69/32
42	55	20	RNA4907
		26	RNA6907
48	62	22	RNA4908
		40	RNA6908
52	68	22	RNA4909
		40	RNA6909
58	72	22	RNA4910
		40	RNA6010
63	80	25	RNA4911
		45	RNA6911
68	85	25	RNA4912
		45	RNA6912
72	90	25	RNA4913
		45	RNA6913
80	100	30	RNA 4914
		54	RNA6914
85	105	30	RNA4915
		54	RNA6915
90	11	30	RNA4916
		54	RNA6916
100	120	35	RNA4917
		63	RNA6917
105	125	35	RNA4918
		63	RNA6919
110	130	35	RNA4919

Rodamientos de agujas sin aro interior (continuación). d 14 - 415 mm

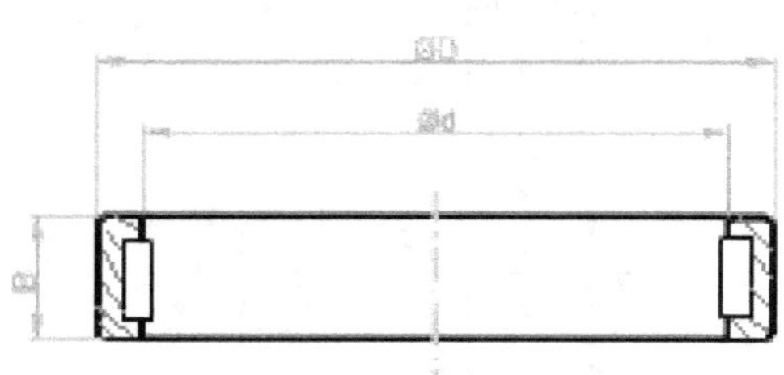

Serie RNA49

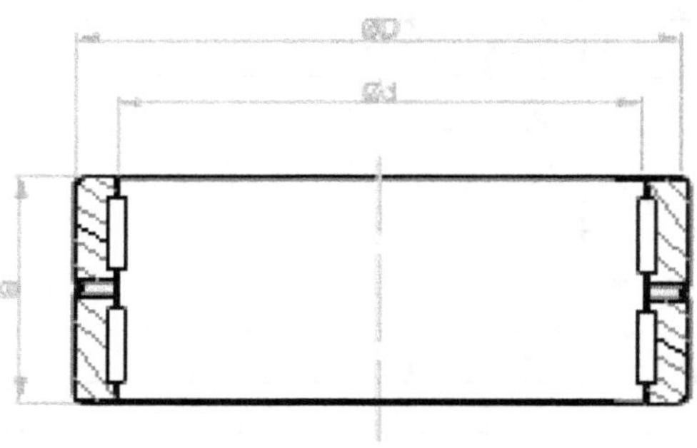

Serie RNA 69

d	D	B	MODELO
		63	RNA6919
115	140	40	RNA4920
120	140	30	RNA4822
125	150	40	RNA4922
130	150	30	RNA4824
135	165	45	RNA4924
145	168	35	RNA4826
150	180	50	RNA4926
155	175	35	RNA4828
160	190	50	RNA4928
165	190	40	RNA4830
175	200	40	RNA4832
185	215	45	RNA4834
195	225	45	RNA4836
210	240	50	RNA4838
220	250	50	RNA4840
240	270	50	RNA4844
265	300	60	RNA4848
285	320	60	RNA4852
305	350	69	RNA4856
330	380	80	RNA4860
350	400	80	RNA4864
370	420	80	RNA4868
390	440	80	RNA4872
415	480	100	RNA4876

Rodamientos de agujas con aro interior. d 10-380 mm

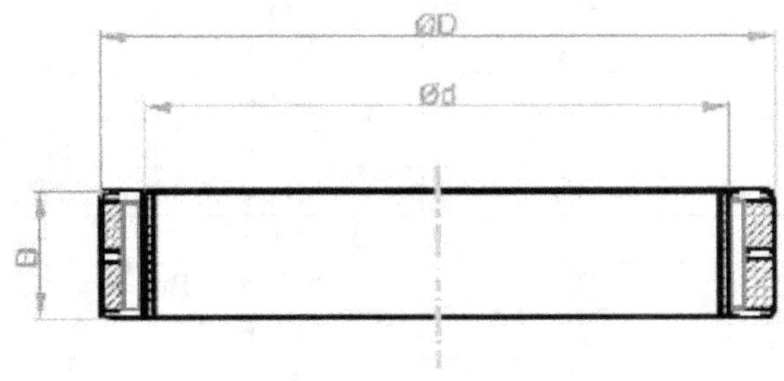 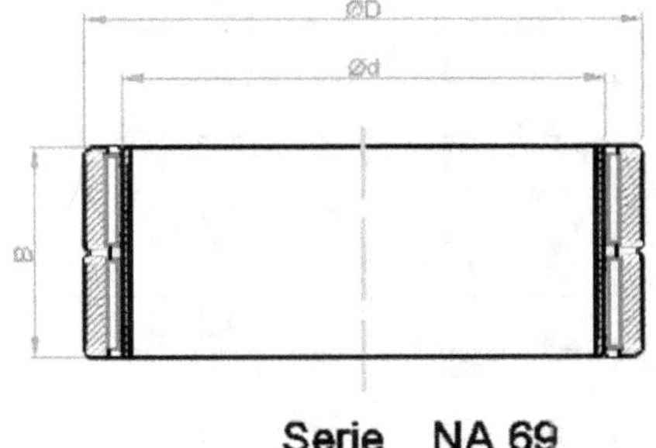

Serie   NA 69

d	D	B	MODELO
10	22	13	NA 4900
12	24	13	NA 4901
		22	NA 6901
15	28	13	NA 4902
		23	NA 6902
17	30	13	NA 4903
		23	NA 6903
20	37	17	NA 4904
		30	NA 6904
22	39	17	NA 49/22
		30	NA 69/22
25	42	17	NA 4905
		30	NA 6905
28	45	17	NA 49/28
		30	NA 69/28
30	47	17	NA 4906
		30	NA 6906
32	52	20	NA 49/32
		26	NA 69/32
35	55	20	NA 4907
		26	NA 6907
40	62	22	NA 4908
		40	NA 6908
45	68	22	NA 4909
		40	NA 6909
50	72	22	NA4910
		40	NA6010
55	80	25	NA4911
		45	NA6911
60	85	25	NA4912
		45	NA6912
65	90	25	NA4913
		45	NA6913
70	100	30	NA4914

d	D	B	MODELO
		54	NA 6914
75	105	30	NA 4915
		54	NA 6915
80	11	30	NA 4916
		54	NA 6916
85	120	35	NA 4917
		63	NA 6917
90	125	35	NA 4918
		63	NA 6919
95	130	35	NA4919
		63	NA 6919
100	140	40	NA 4920
110	140	30	NA 4822
110	150	40	NA 4922
120	150	30	NA 4824
	165	45	NA 4924
130	168	35	NA 4826
	180	50	NA 4926
140	175	35	NA 4828
	190	50	NA 4928
150	190	40	NA 4830
160	200	40	NA 4832
170	215	45	NA 4834
180	225	45	NA 4836
190	240	50	NA 4838
200	250	50	NA 4840
220	270	50	NA 4844
240	300	60	NA 4848
260	320	60	NA 4852
280	350	69	NA 4856
300	380	80	NA 4860
320	400	80	NA 4864
340	420	80	NA 4868
360	440	80	NA 4872
380	480	100	NA 4876

Tuercas de fijación y arandelas de retención

Rango: M10x0,75-M200x3   D 10-200 mm

Designación: Turca de Fijación, estrecha E "Rosca d"   UNE 18-035-80

Designación: Turca de Fijación, ancha A "Rosca d"   UNE 18-035-80

Designación: Arandela de retención d UNE 18-036-78

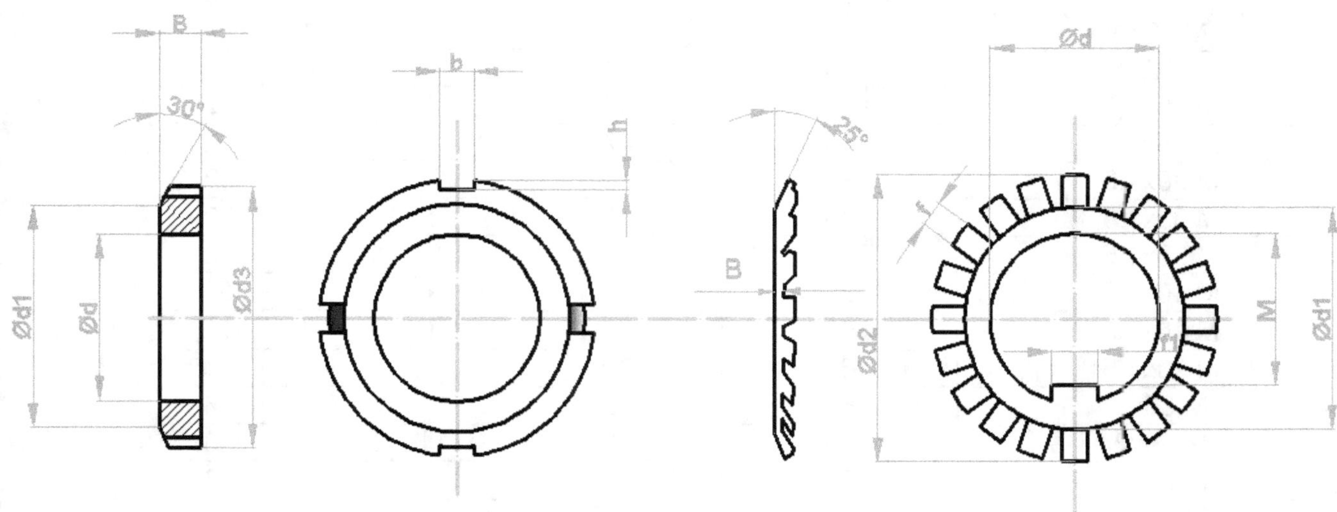

Tuercas de fijación					
SERIE ANCHA					
Rosca d	**d1**	**d3**	**B**	**b**	**h**
M15x1	21	25	8	4	2
M 17x1	24	28	8	4	2
M 20x1	26	32	9	4	2
M 22x1	28	34	9	4	2
M 25x1,5	32	38	10	5	2
M 28x1,5	36	42	10	5	2
M 30x1,5	38	45	10	5	2
M 32x1,5	40	48	11	5	2
M 35x1,5	44	52	11	5	2
M 40x1,5	50	58	11	6	2,5
M 45x1,5	56	65	12	6	2,5
M 50x1,5	61	70	13	6	2,5
M 55x2	67	75	13	7	3
M 60x2	73	80	14	7	3
M 65x2	79	85	14	7	3
M 70x2	85	92	14	8	3,5
M 75x2	90	98	15	8	3,5

Tuercas de fijación					
SERIE ESTRECHA					
Rosca	**d1**	**d3**	**B**	**b**	**h**
M 10x0,75	13,5	18	4	3	2
M 12x1	17	22	4	3	2
M 15x1	21	25	5	4	2
M 17x1	24	28	5	4	2
M 20x1	26	32	6	4	2
M 22x1	28	34	6	4	2
M 25x1,5	32	38	7	5	2
M 28x1,5	36	42	7	5	2
M 30x1,5	38	45	7	5	2
M 32x1,5	40	48	8	5	2
M 35x1,5	44	52	8	5	2
M 40x1,5	50	58	9	6	2,5
M 45x1,5	56	65	10	6	2,5
M 50x1,5	61	70	11	6	2,5
M 55x2	67	75	11	7	3
M 60x2	73	80	11	7	3
M 65x2	79	85	12	7	3
M 70x2	85	92	12	8	3,5
M 75x2	90	98	13	8	3,5
M 80x2	95	105	15	8	3,5
M 85x2	102	110	16	8	3,5
M 90x2	108	120	16	10	4
M 95x2	113	125	17	10	4
M 100x2	120	130	18	10	4
M 1005x2	126	140	18	12	5
M 110x2	133	145	19	12	5
M 115x2	137	150	19	12	5
M 120x2	138	155	20	12	5
M 125x2	148	160	21	12	5
M 130x2	149	165	21	12	5
M 135x2	160	175	22	14	6
M 140x2	160	180	22	14	6
M 145x2	171	190	24	14	6
M 150x2	171	195	24	14	6
M 155x3	182	200	25	16	7
M 160x3	182	210	25	16	7
M 165x3	193	210	26	16	7
M 170x3	193	220	26	16	7
M 180x3	203	230	27	18	8
M 190x3	214	240	28	18	8
M 200x3	226	250	29	18	8

Arandelas de retención						
d	**d1**	**d2**	**B**	**f1**	**f**	**M**
10	13,5	21	1	3	3	8,5
12	17	25	1	3	3	10,5
15	21	28	1	4	4	13,5
17	24	32	1	4	4	15,5
20	26	36	1	4	4	18,5
22	28	38	1	4	4	20,5
25	32	42	1,25	5	5	23
28	36	46	1,25	5	5	26
30	38	49	1,25	5	5	27,5
32	40	52	1,25	5	5	29,5
35	44	57	1,25	6	5	32,5
40	50	62	1,25	6	6	37,5
45	56	69	1,25	6	6	42,5
50	61	72	1,25	6	6	47,5
55	67	81	1,5	8	7	52,5
60	73	86	1,5	8	7	57,5
65	79	92	1,5	8	7	62,5
70	85	98	1,5	8	8	66,5
75	90	104	1,5	8	8	71,5
80	95	112	1,75	10	8	76,5
85	102	119	1,75	10	8	81,5
90	108	126	1,75	10	10	86,5
95	113	133	1,75	10	10	91,5
100	120	142	1,75	12	10	96,5
105	126	145	1,75	12	12	100,5
110	133	154	1,75	12	12	105,5
115	137	159	2	12	12	110,5
120	138	164	2	14	12	115
125	148	170	2	14	12	120
130	149	175	2	14	12	125
135	160	185	2	14	14	130
140	160	192	2	16	14	135
145	172	202	2	14	14	140
150	171	205	2	14	16	145
155	182	212	2,5	16	16	147,5
160	182	217	2,5	18	16	154
165	193	222	2,5	18	16	154
170	193	232	2,5	18	16	164
180	203	242	2,5	20	18	174
190	214	252	2,5	20	18	184
200	226	262	2,5	20	18	194

Anillos obturadores

Designación: Anillo obturador d x D x b

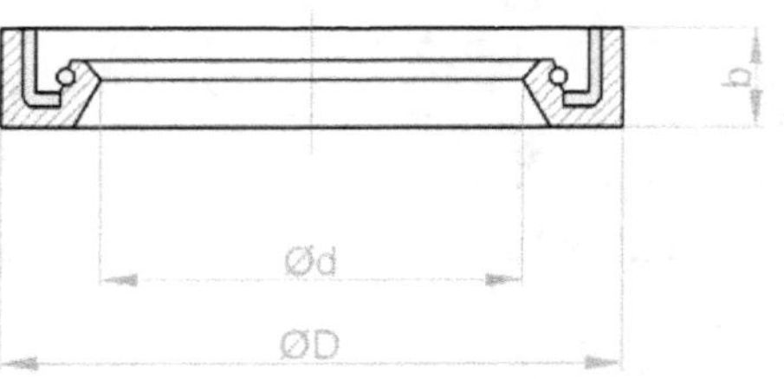

DIMENSIONES		
d	**D**	**b**
6	10	2,5
7	11	2,5
8	12	3
8	15	3
9	13	3
9	16	3
10	14	3
10	17	3
12	16	3
12	18	3
12	19	3
13	19	3
14	20	3
14	22	3
14	26	5
15	21	3
15	22	3
15	23	5
16	22	3
16	24	3
16	28	5
17	23	3
17	24	3
17	25	3
18	24	3
18	25	3
18	26	4
18	30	6
19	27	4
20	26	4
20	27	4
20	28	4
20	30	4
20	32	4
20	32	6
21	29	4
22	28	4
22	29	4
22	30	4
22	32	6
22	35	6
24	31	4
24	32	4
25	32	4
25	33	4
25	35	6
25	37	6
26	34	4
28	35	4
28	37	4

DIMENSIONES Anillos obturadores		
d	**D**	**b**
28	38	6
28	39	6
28	40	6
29	38	4
30	37	4
30	40	4
30	42	6
32	42	4
32	45	6
35	42	4
35	45	4
35	47	6
35	52	5
37	47	4
38	48	4
38	50	6
40	47	4
40	50	4
40	52	6
40	55	6
42	54	7
42	55	7
45	52	4
45	55	4
45	57	7
45	62	7
48	62	7
50	58	4
50	62	4
50	65	7
52	68	7
55	67	4
55	68	7
55	72	7
58	72	7
60	72	4
60	78	7
62	74	4
62	74	7
63	80	7
65	77	4
65	85	7
68	85	7
70	82	4
70	90	7
72	90	7

Anillos de seguridad para ejes DIN 471. Ejecución normal

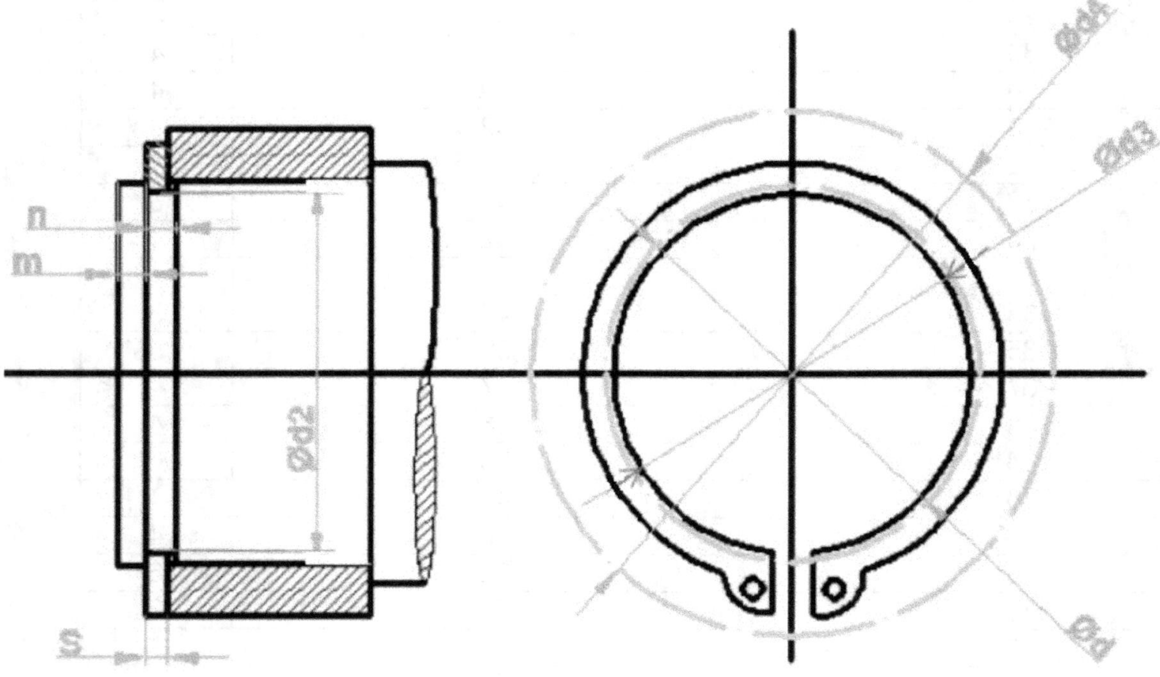

d4= espacio libre requerido para montaje

Designación: Anillo de seguridad d x s DIN 471

Diámetro eje	Anillo		Ranura			
d	s	d3	d2	m	n	d4
3	0,4	2,7	2,8	0,5	0,3	7
4	0,4	3,7	3,8	0,5	0,3	8,6
5	0,6	4,7	4,6	0,7	0,3	10,3
6	0,7	5,6	5,7	0,8	0,5	11,7
7	0,8	6,5	6,7	0,9	0,5	13,5
8	0,8	7,4	7,6	0,9	0,6	14,7
9	1	8,4	8,6	1,1	0,6	16
10	1	9,3	9,6	1,1	0,6	17
11	1	10,2	10,5	1,1	0,8	18
12	1	11	11,5	1,1	0,8	19
13	1	11,9	12,4	1,1	0,9	20,2
14	1	12,9	13,4	1,1	0,9	21,4
15	1	13,8	14,3	1,1	1,1	22,6
16	1	14,7	15,2	1,1	1,2	23,8
17	1	15,7	16,2	1,1	1,2	25
18	1,2	16,5	17	1,3	1,5	26,2
19	1,2	17,5	18	1,3	1,5	27,2
20	1,2	18,5	19	1,3	1,5	28,4
21	1,2	19,5	20	1,3	1,5	29,6
22	1,2	20,5	21	1,3	1,5	30,8
24	1,2	22,2	22,9	1,3	1,7	33,2
25	1,2	23,2	23,9	1,3	1,7	34,2
26	1,2	24,2	24,9	1,3	1,7	35,5
28	1,5	25,9	26,6	1,6	2,1	37,9
29	1,5	26,9	27,6	1,6	2,1	39,1
30	1,5	27,9	28,6	1,6	2,1	40,5
32	1,5	29,6	30,3	1,6	2,6	43
34	1,5	31,5	32,3	1,6	2,6	45,4
35	1,5	32,2	33	1,6	3	46,8
36	1,75	33,2	34	1,85	3	47,8
38	1,75	35,2	36	1,85	3	50,2
40	1,75	36,5	37,5	1,85	3,8	52,6
42	1,75	38,5	39,5	1,85	3,8	55,7
45	1,75	41,5	42,5	1,85	3,8	59,1
48	1,75	44,5	45,5	1,85	3,8	62,5
50	2	45,8	47	2,15	4,5	64,5
52	2	47,8	49	2,15	4,5	66,7
55	2	50,8	52	2,15	4,5	70,2
56	2	51,8	53	2,15	4,5	71,6
58	2	53,8	55	2,15	4,5	73,6
60	2	55,8	57	2,15	4,5	75,6
62	2	57,8	59	2,15	4,5	77,8
63	2	58,8	60	2,15	4,5	79

φ eje	Anillo		Ranura			d4
d	s	d3	d2	m	n	
65	2,5	60,8	62	2,65	4,5	81,4
68	2,5	63,5	65	2,65	4,5	84,8
70	2,5	65,5	67	2,65	4,5	87
72	2,5	67,5	69	2,65	4,5	89,2
75	2,5	70,5	72	2,65	4,5	92,7
78	2,5	73,5	75	2,65	4,5	96,1
80	2,5	74,5	76,5	2,65	5,3	98,1
82	2,5	76,5	78,5	2,65	5,3	100,3
85	3	79,5	81,5	3,15	5,3	103,3
88	3	82,5	84,5	3,15	5,3	106,5
90	3	84,5	86,5	3,15	5,3	108,5
95	3	89,5	91,5	3,15	5,3	114,8
100	3	94,5	96,5	3,15	5,3	120,2
105	4	98	101	4,15	6	125,8
110	4	103	106	4,15	6	131,2
115	4	108	111	4,15	6	137,3
120	4	113	116	4,15	6	143,1
125	4	118	121	4,15	6	149
130	4	123	126	4,15	6	154,4
135	4	128	131	4,15	6	159,8
140	4	133	136	4,15	6	165,2
145	4	138	141	4,15	6	170,6
150	4	142	145	4,15	7,5	177,3
155	4	146	150	4,15	7,5	182,3
160	4	151	155	4,15	7,5	188
165	4	155,5	160	4,15	7,5	193,4
170	4	160,5	165	4,15	7,5	198,4
175	4	165,5	170	4,15	7,5	203,4
180	4	170,5	175	4,15	7,5	210
185	4	175,5	180	4,15	7,5	215
190	4	180,5	185	4,15	7,5	220
195	4	185,5	190	4,15	7,5	225
200	4	190,5	195	4,15	7,5	230
210	5	198	204	5,15	9	240
220	5	208	214	5,15	9	250
230	5	218	224	5,15	9	260
240	5	228	234	5,15	9	270
250	5	238	244	5,15	9	280
260	5	245	252	5,15	12	294
270	5	255	262	5,15	12	304
280	5	265	272	5,15	12	314
290	5	275	282	5,15	12	324
300	5	285	292	5,15	12	334

Anillos de seguridad para agujeros DIN 472. Ejecución normal

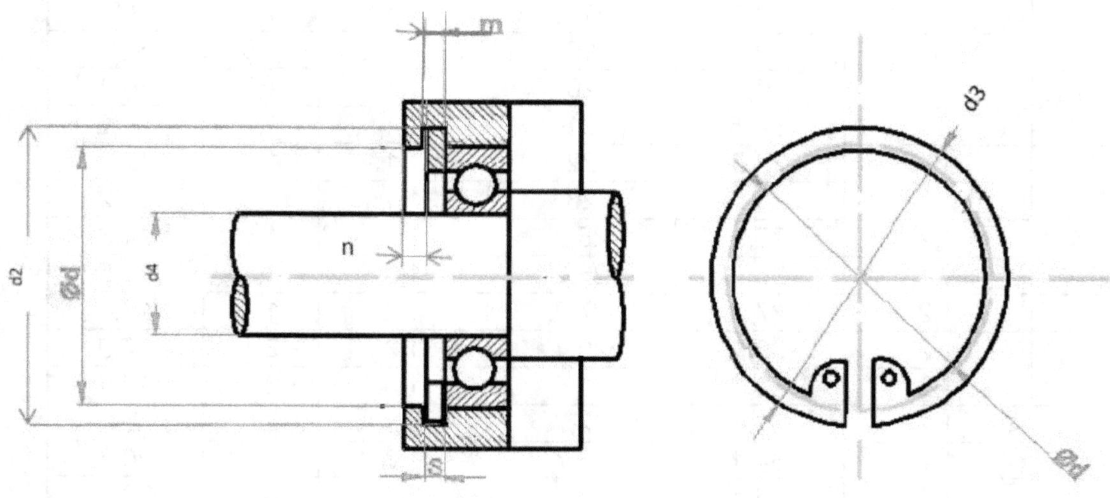

d4= espacio libre requerido para montaje

Anillos de seguridad para agujeros DIN 472. Ejecución normal

diámetro eje	Anillo		Ranura			d4
d	s	d3	d2	m	n	
8	0,8	8,7	8,4	0,9	0,6	2
9	0,8	9,8	9,4	0,9	0,6	3,7
10	1	10,6	10,4	0,9	0,6	3,3
11	1	11,8	11,4	1,1	0,6	4,1
12	1	13	12,5	1,1	0,8	4,9
13	1	14,1	13,6	1,1	0,9	5,4
14	1	15,1	14,6	1,1	0,9	6,2
15	1	16,2	15,7	1,1	1,1	7,2
16	1	17,3	16,8	1,1	1,2	8
17	1	18,3	17,8	1,1	1,2	8,8
18	1	19,5	19	1,1	1,5	9,4
19	1	20,5	20	1,1	1,5	10,4
20	1	21,5	21	1,1	1,5	11,2
21	1	22,5	22	1,1	1,5	12,2
22	1	23,5	23	1,1	1,5	13,2
24	1,2	25,9	25,2	1,3	1,8	14,8
25	1,2	26,9	26,2	1,3	1,8	15,5
26	1,2	27,9	27,2	1,3	1,8	16,1
28	1,2	30,1	29,4	1,3	2,1	17,9
30	1,2	32,1	31,4	1,3	2,1	19,9
31	1,2	33,4	32,7	1,3	2,6	20
32	1,2	34,4	33,7	1,3	2,6	20,6
34	1,5	36,5	35,7	1,6	2,6	22,6
35	1,5	37,8	37	1,6	3	23,6
36	1,5	38,8	38	1,6	3	24,6
37	1,5	39,8	39	1,6	3	25,4
38	1,5	40,8	40	1,6	3	26,4
40	1,75	43,5	42,5	1,85	3,8	27,8
42	1,75	45,5	44,5	1,85	3,8	29,6
45	1,75	48,5	47,5	1,85	3,8	32
47	1,75	50,5	49,5	1,85	3,8	33,5
48	1,75	51,5	50,5	1,85	3,8	34,5
50	2	54,2	53	2,15	4,5	36,3
52	2	56,2	55	2,15	4,5	37,9
55	2	59,2	58	2,15	4,5	40,7
56	2	60,2	59	2,15	4,5	41,7
58	2	62,2	61	2,15	4,5	43,5
60	2	64,2	63	2,15	4,5	44,7
62	2	66,2	65	2,15	4,5	46,7
63	2	67,2	66	2,15	4,5	47,7
65	2,5	69,2	68	2,65	4,5	49
68	2,5	72,5	71	2,65	4,5	51,6
70	2,5	74,5	73	2,65	4,5	53,6
72	5	76,5	75	2,65	4,5	55,6

Anillos de seguridad para agujeros DIN 472. Ejecución normal

| diámetro eje | Anillo | | Ranura | | | d4 |
d	s	d3	d2	m	n	
75	2,5	79,5	78	2,65	4,5	58,6
78	2,5	82,5	81	2,65	4,5	60,1
80	2,5	85,5	83,5	2,65	5,3	62,1
82	2,5	67,5	85,5	2,65	5,3	64,1
85	3	90,5	88,5	3,15	5,3	66,9
88	3	93,5	91,5	3,15	5,3	69,9
90	3	95,5	93,5	3,15	5,3	71,9
92	3	97,5	95,5	3,15	5,3	73,7
95	3	100,5	98,5	3,15	5,3	76,5
98	3	103,5	101,5	3,15	5,3	79
100	3	105,5	103,5	3,15	5,3	80,6
102	4	108	106	4,15	6	82
105	4	112	109	4,15	6	85
108	4	115	112	4,15	6	88
110	4	117	114	4,15	6	88,2
112	4	119	116	4,15	6	90
115	4	122	119	4,15	6	93
120	4	127	124	4,15	6	96,9
125	4	132	129	4,15	6	101,9
130	4	137	134	4,15	6	106,9
135	4	142	139	4,15	6	111,5
140	4	147	144	4,15	6	116,5
145	4	152	149	4,15	6	121
150	4	158	155	4,15	7,5	124,8
155	4	164	160	4,15	7,5	129,8
160	4	169	165	4,15	7,5	132,7
165	4	174,5	170	4,15	7,5	137,7
170	4	179,5	175	4,15	7,5	141,6
175	4	184,5	180	4,15	7,5	146,6
180	4	189,5	185	4,15	7,5	150,2
185	4	194,5	190	4,15	7,5	155,2
190	4	199,5	195	4,15	7,5	160,2
195	4	204,5	200	4,15	7,5	165,2
200	4	209,5	205	4,15	7,5	170,2
210	5	222	216	5,15	9	180,2
220	5	232	226	5,15	9	190,2
230	5	242	236	5,15	9	200,2
240	5	252	246	5,15	9	210,2
250	5	262	256	5,15	9	220,2
260	5	275	268	5,15	12	226
270	5	285	278	5,15	12	236
280	5	295	288	5,15	12	246
290	5	305	298	5,15	12	256
300	5	315	308	5,15	12	266

EJERCICIOS DE PLANOS

DE DEPIECE Y DE CONJUTO

A REALIZAR

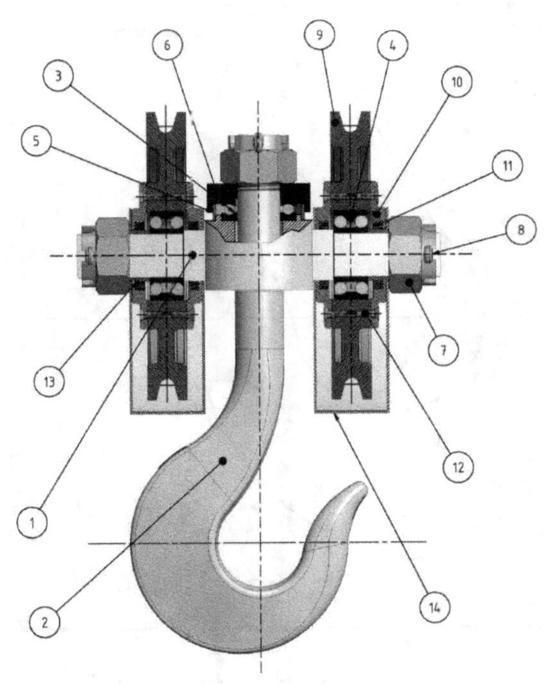

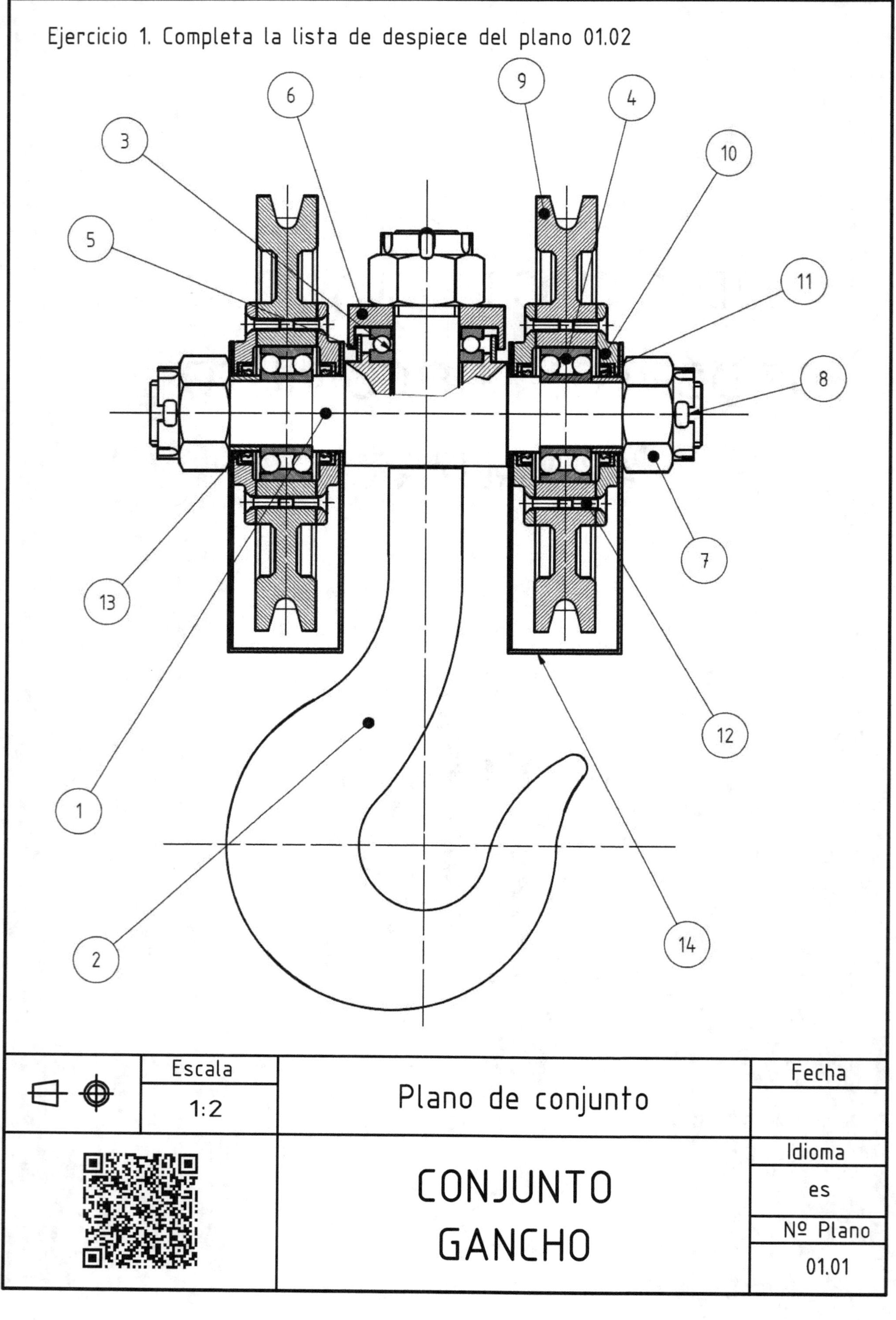

Ejercicio 1. Completa la lista de despiece del plano 01.02
Escala
1:2
Plano de conjunto
CONJUNTO
GANCHO
Fecha
Idioma
es
Nº Plano
01.01

Ejercicio 1. Completa la Lista de piezas realizando la designación de los elementos normalizados que faltan tomando las medidas de las mismas del plano 01.01 del Conjunto: Gancho.

CTDAD	Nº DE PLANO/NORMA	DESCRIPCIÓN NOMPRE PIEZA	ELEMENTO	MATERIAL
2	1.08	Carcasa polea	14	Acero
2	1.07	Casquillo polea	13	Acero
16			12	Acero
4			11	Goma
4	1.06	Tapa polea	10	Hierro
2	1.05	Polea	9	Hierro
3			8	Acero
3			7	Acero
1	1.04	Tapa rodamiento	6	Hierro
1	1.03	Casquillo rodamiento	5	Hierro
2			4	Acero
1			3	Acero
1	1.02	Gancho	2	Acero
1	1.01	Eje	1	Acero

	Escala	Lista de piezas a completar		Fecha
	1:2			
		Conjunto Gancho		Idioma: es
				Nº Plano: 01.02

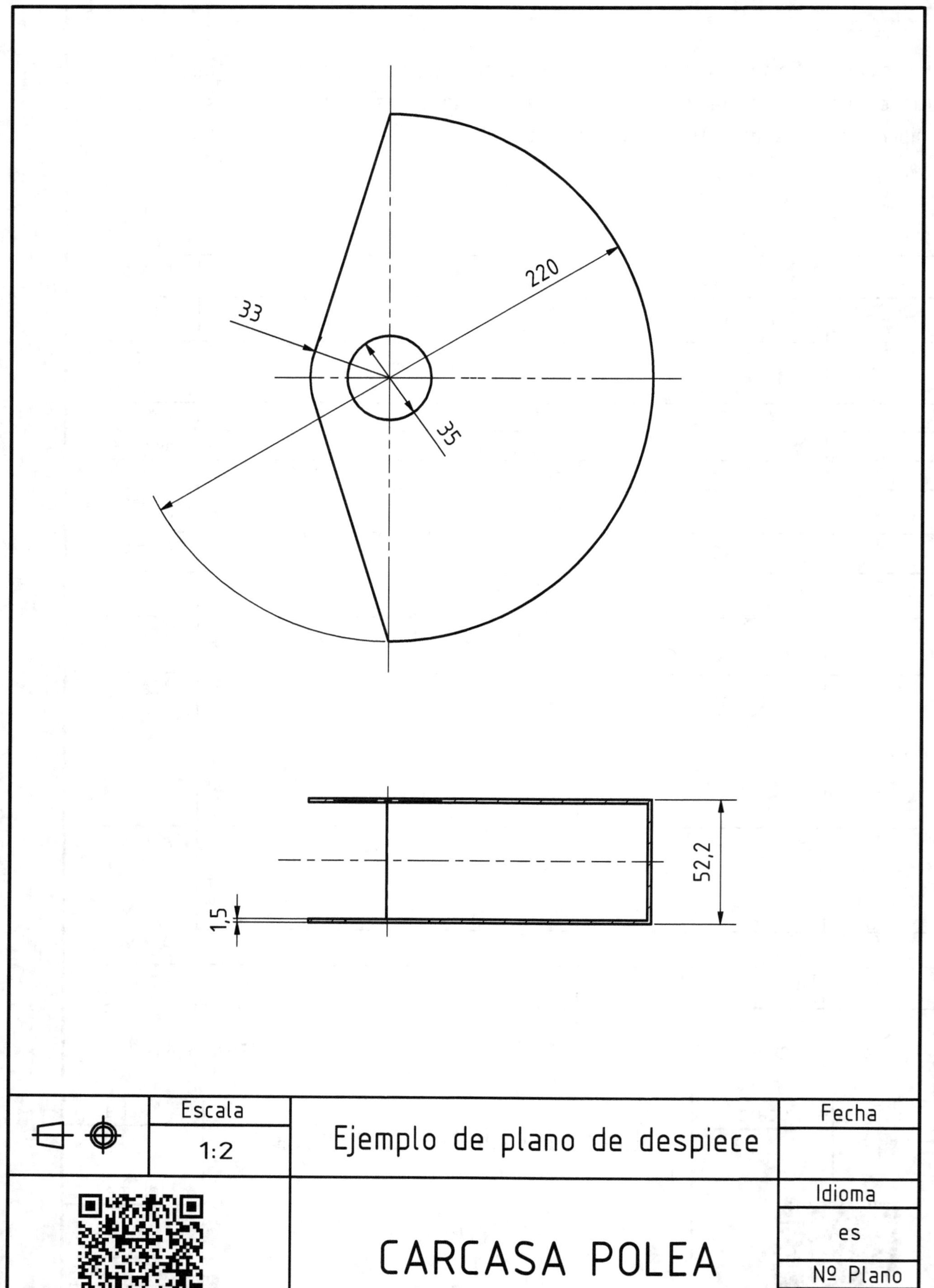

Escala	Ejemplo de plano de despiece	Fecha
1:2		
	CARCASA POLEA	Idioma
		es
		Nº Plano
		01.03

Ejercicio 2.
Del plano de conjunto "Gancho", realiza el plano de despiece (vistas mínimas e idóneas, según norma, acotadas) de la pieza nº 1 "Eje".

	Escala	Vistas y acotación Pieza 1	Fecha

		Eje	Idioma
			es
			Nº Plano
			01.04

Ejercicio 3.
Del plano de conjunto "Gancho", realiza el plano de despiece (vistas mínimas
e idóneas, según norma, acotadas) de la pieza nº 9 "Polea".

	Escala	Vistas y acotación Pieza 9	Fecha
		Polea	Idioma
			es
			Nº Plano
			01.05

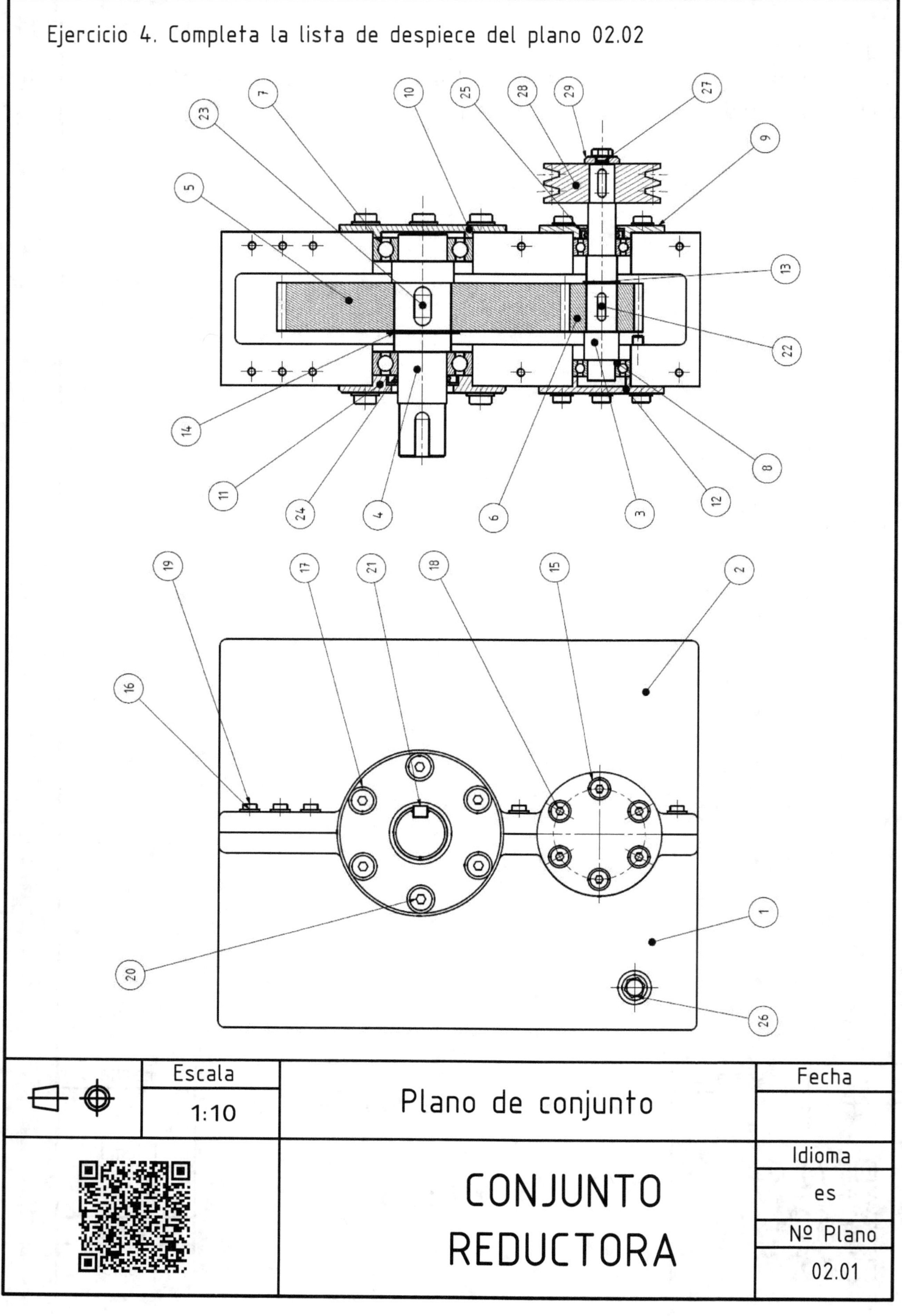

Ejercicio 4. Completa la lista de despiece del plano 02.02
Escala
1:10
Plano de conjunto
Fecha
Idioma
es
Nº Plano
02.01
CONJUNTO
REDUCTORA

Ejercicio 4. Completa la Lista de piezas realizando la designación de los elementos normalizados que faltan tomando las medidas de las mismas del plano 02.01 del Conjunto Reductora.

CTDAD	Nº PLANO/NORMA	NOMBRE DE LA PIEZA	ELEMENTO	MATERIAL
1	2.12	Cierre polea	29	Acero
1	2.11	Polea	28	Acero
1			27	Acero
1			26	Acero
1			25	Goma
1			24	Goma
1			23	Acero
2			22	Acero
1			21	Acero
12			20	Acero
10			19	Acero
12			18	Acero
12			17	Acero
11			16	Acero
12			15	Acero
1			14	Acero
1			13	Acero
1	2.10	Tapa entrada	12	Acero
1	2.09	Tapa pasante salida	11	Acero
1	2.08	Tapa salida	10	Acero
1	2.07	Tapa pasante entrada	9	Acero
2			8	Acero
2			7	Acero
1	2.06	Engranaje árbol primario	6	Acero
1	2.05	Engranaje árbol secundario	5	Acero
2	2.04	Árbol secundario	4	Acero
1	2.03	Árbol primario	3	Acero
1	2.02	Carcasa superior	2	Acero
1	2.01	Carcasa inferior	1	Acero

	Escala	Lista de piezas a completar	Fecha
	1:10		
		CONJUNTO REDUCTORA	Idioma
			es
			Nº Plano
			02.02

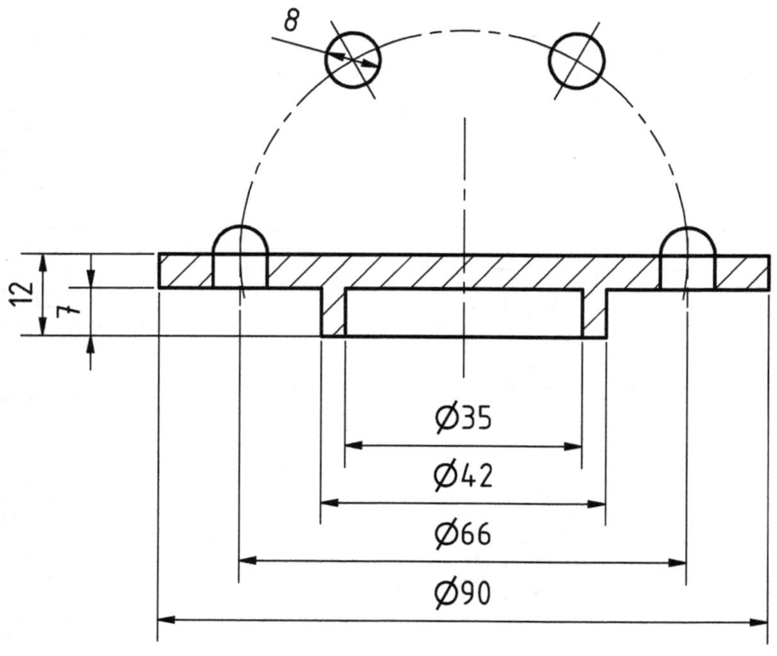

	Escala	Ejemplo	Fecha
	1:1		
		TAPA ENTRADA	Idioma
			es
			Nº Plano
			02.03

Ejercicio 5.
Del plano de conjunto "Reductora", realiza el plano de
despiece (vistas mínimas e idóneas, según norma, acotadas)
de la pieza nº 8 "Tapa de Salida".

	Escala	Plano de despiece Pieza 8	Fecha
	1:1		

TAPA SALIDA

Idioma

es

Nº Plano

2.04

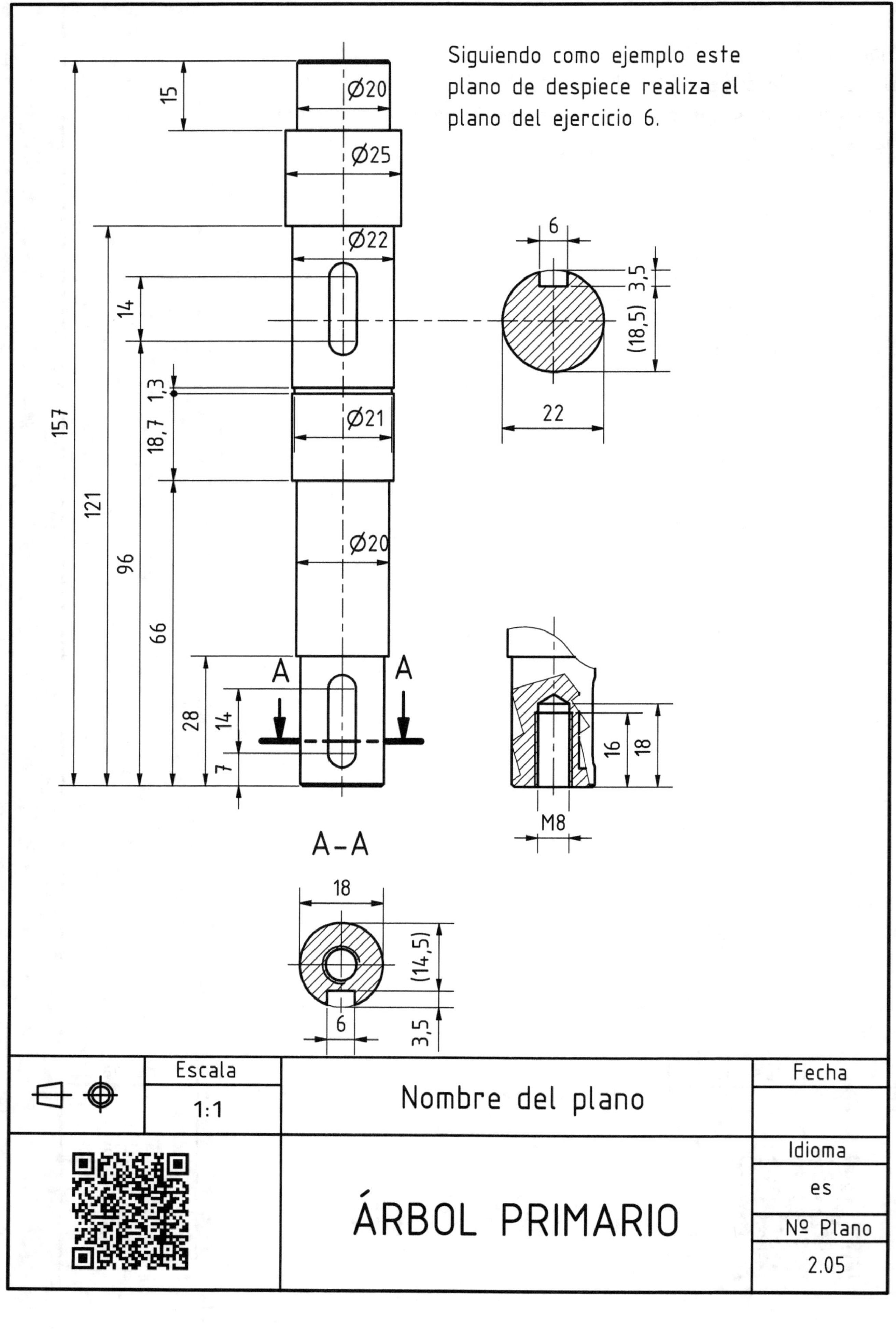

Siguiendo como ejemplo este
plano de despiece realiza el
plano del ejercicio 6.
Ø20
Ø25
Ø22
Ø21
Ø20
157
121
96
66
15
14
18,7
1,3
28
14
7
A
A
A-A
6
3,5
(18,5)
22
16
18
M8
18
(14,5)
6
3,5
Escala
1:1
Nombre del plano
Fecha
Idioma
es
Nº Plano
2.05
ÁRBOL PRIMARIO

Ejercicio 6.
Del plano de conjunto "Reductora", completa el plano de despiece (vistas
mínimas e idóneas, según norma, acotadas) de la pieza nº 9 "Árbol".

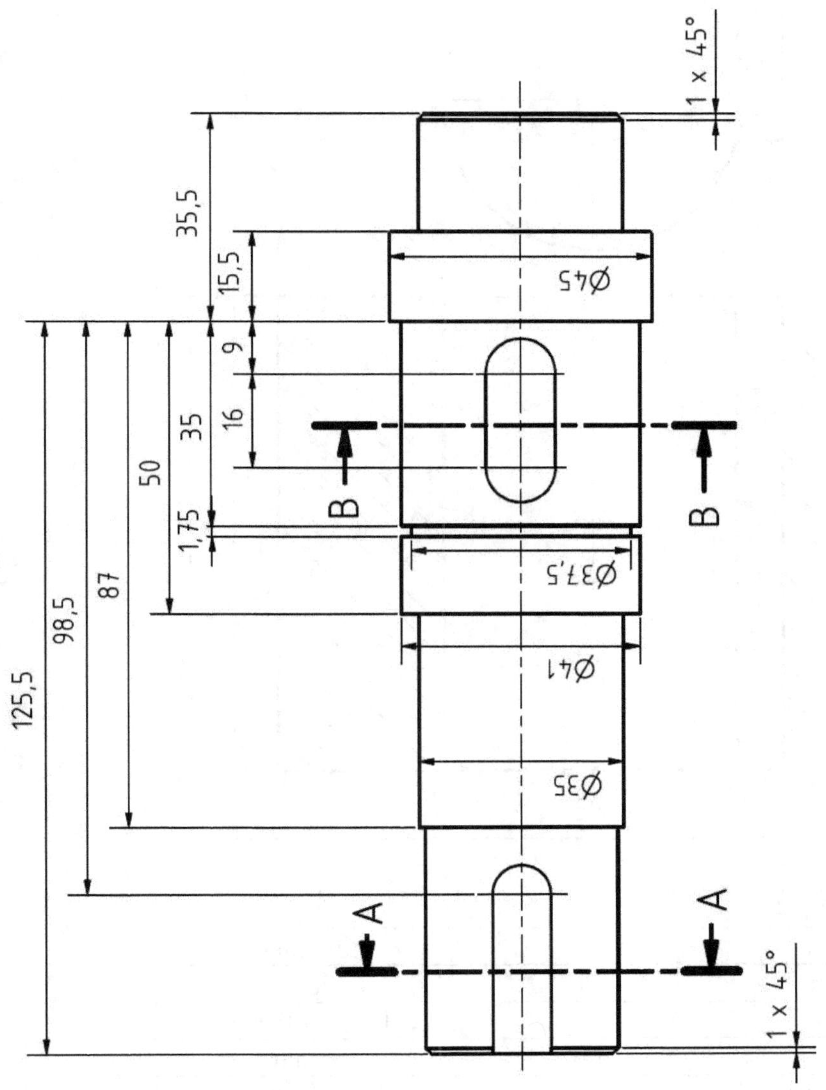

	Escala	Vistas y acotación Pieza 9	Fecha
		Árbol	Idioma
			es
			Nº Plano
			02.06

Siguiendo como ejemplo este plano de despiece realiza el plano del ejercicio 7.

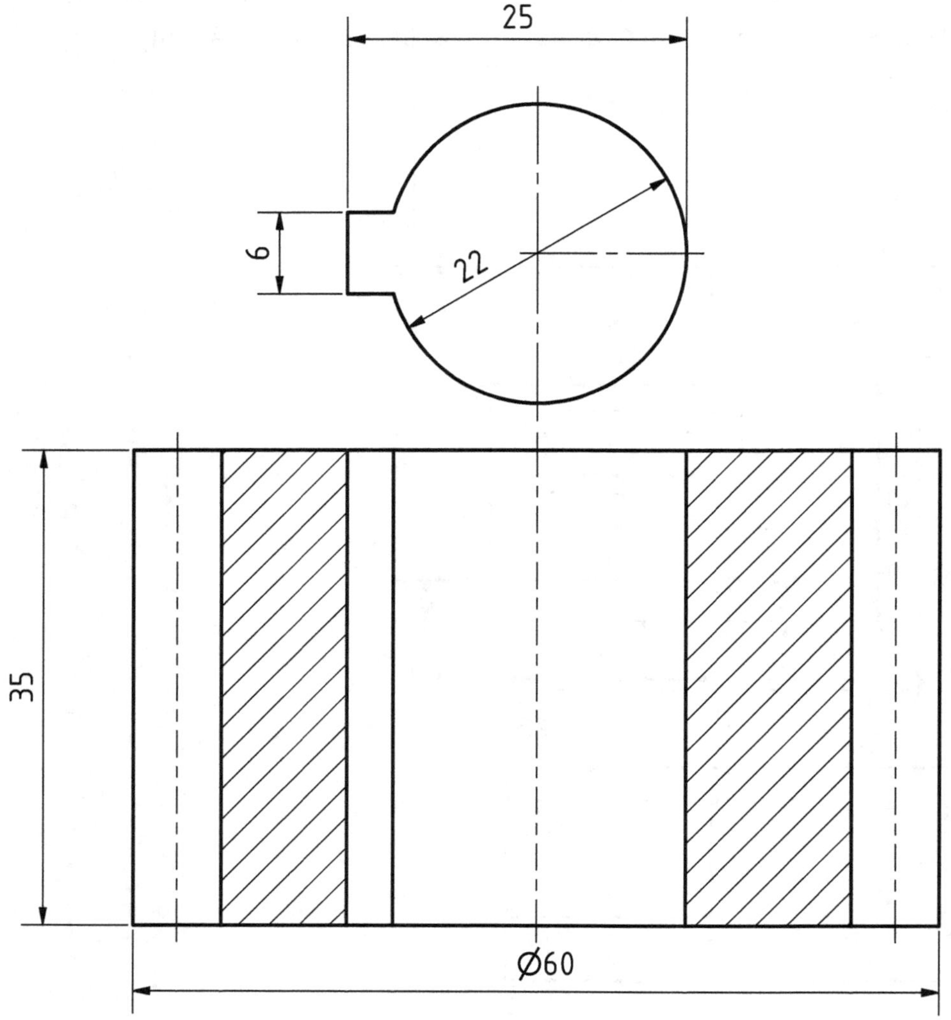

DATOS DE LA RUEDA		
Módulo	m	3.00 mm
Número de dientes	Z1	18
Cremallera tipo		UNE 18016
Diámetro primitivo	dp	54 mm
Medida entre 4 dientes	K	32.238 mm
Distancia entre ejes	C	129 mm
RUEDA CONJUGADA		
Número de dientes	Z2	68
Plano nº		2.05

	Escala	Plano de Engranaje de ejemplo	Fecha
	2:1		
		ENGRANAJE ÁRBOL PRIMARIO	Idioma
			es
			Nº Plano
			2.06

Ejercicio 7.
Calcula y completa la tabla del Engranaje secundario, marca 5, del conjunto
"Reductora".

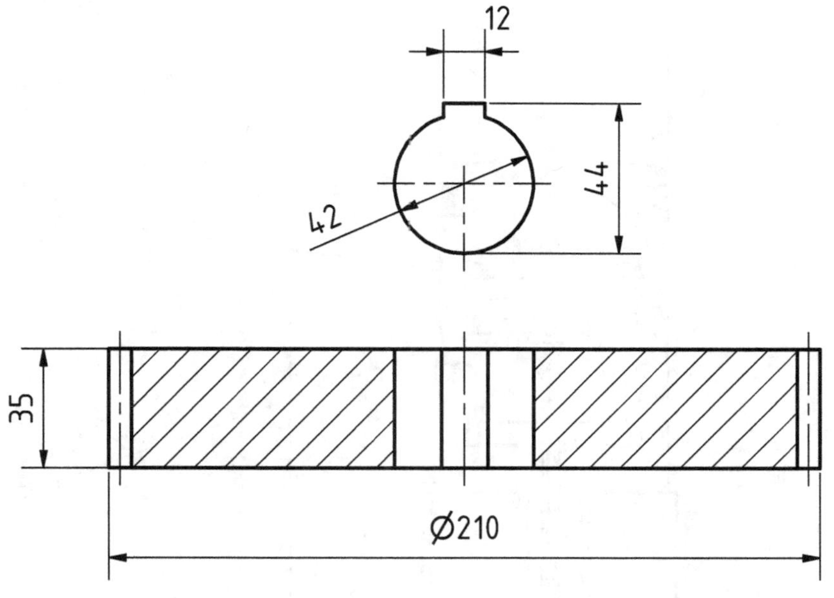

DATOS DE LA RUEDA		
Módulo	m	
Número de dientes	Z1	
Cremallera tipo		UNE 18016
Diámetro primitivo	dp	
Medida entre ___ dientes	K	
Distancia entre ejes	C	
RUEDA CONJUGADA		
Número de dientes	Z2	
Plano nº		

	Escala	Engranaje	Fecha
	1:2		
		ENGRANAJE ÁRBOL SECUNDARIO	Idioma
			es
			Nº Plano
			2.08

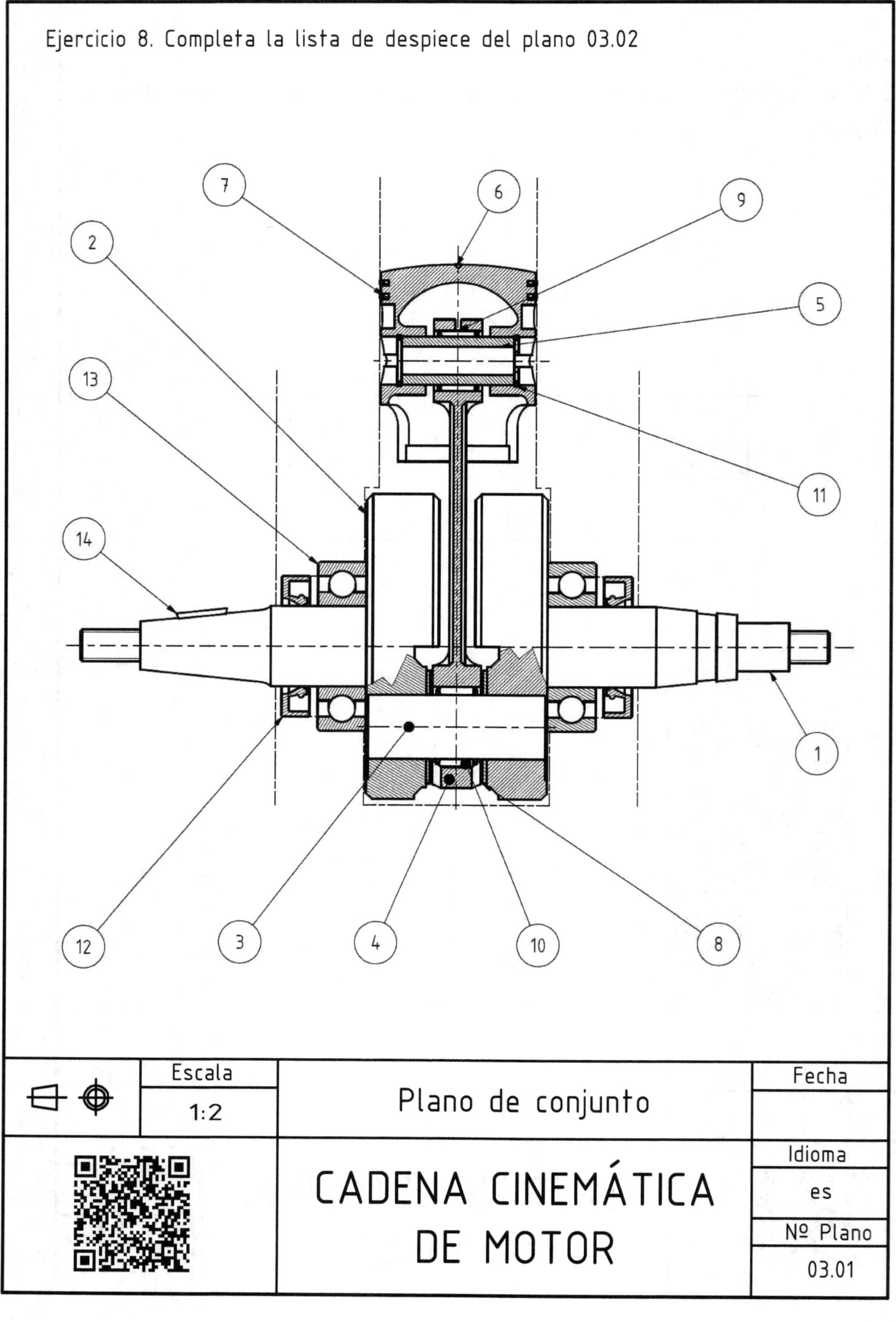

Ejercicio 8. Completa la lista de despiece del plano 03.02
Escala
1:2
Plano de conjunto
Fecha
Idioma
es
Nº Plano
03.01
CADENA CINEMÁTICA
DE MOTOR

Ejercicio 8. Completa la Lista de piezas realizando la designación de los elementos normalizados que faltan tomando las medidas de las mismas del plano 03.01 del Conjunto Cadena cinemática Motor.

CTDAD	DENOMINACIÓN	Nº DE PLANO/ NORMA	ELEMENTO	MATERIAL
1	Lengüeta		14	Acero
2	Rodamientos rígidos de bolas		13	Acero
2	Anillos obturadores		12	Goma
2	Anillo de seguridad		11	Acero
1	Coronas de agujas		10	Acero
1	Coronas de agujas		9	Acero
2	Arandela separadora	4.08	8	Bronce
2	Segmento	4.07	7	Acero
1	Pistón	4.06	6	Aluminio
1	Bulón	4.05	5	Acero
1	Biela	4.04	4	Acero
1	Muñequilla	4.03	3	Acero
1	Cigüeñal izquierdo	4.02	2	Acero
1	Cigüeñal derecho	4.01	1	Acero

	Escala	Lista de piezas a completar	Fecha
	1:2		

		Cadena Cinemática Motor	Idioma
			es
			Nº Plano
			03.02

Siguiendo como ejemplo este plano de despiece realiza el plano del ejercicio 9.

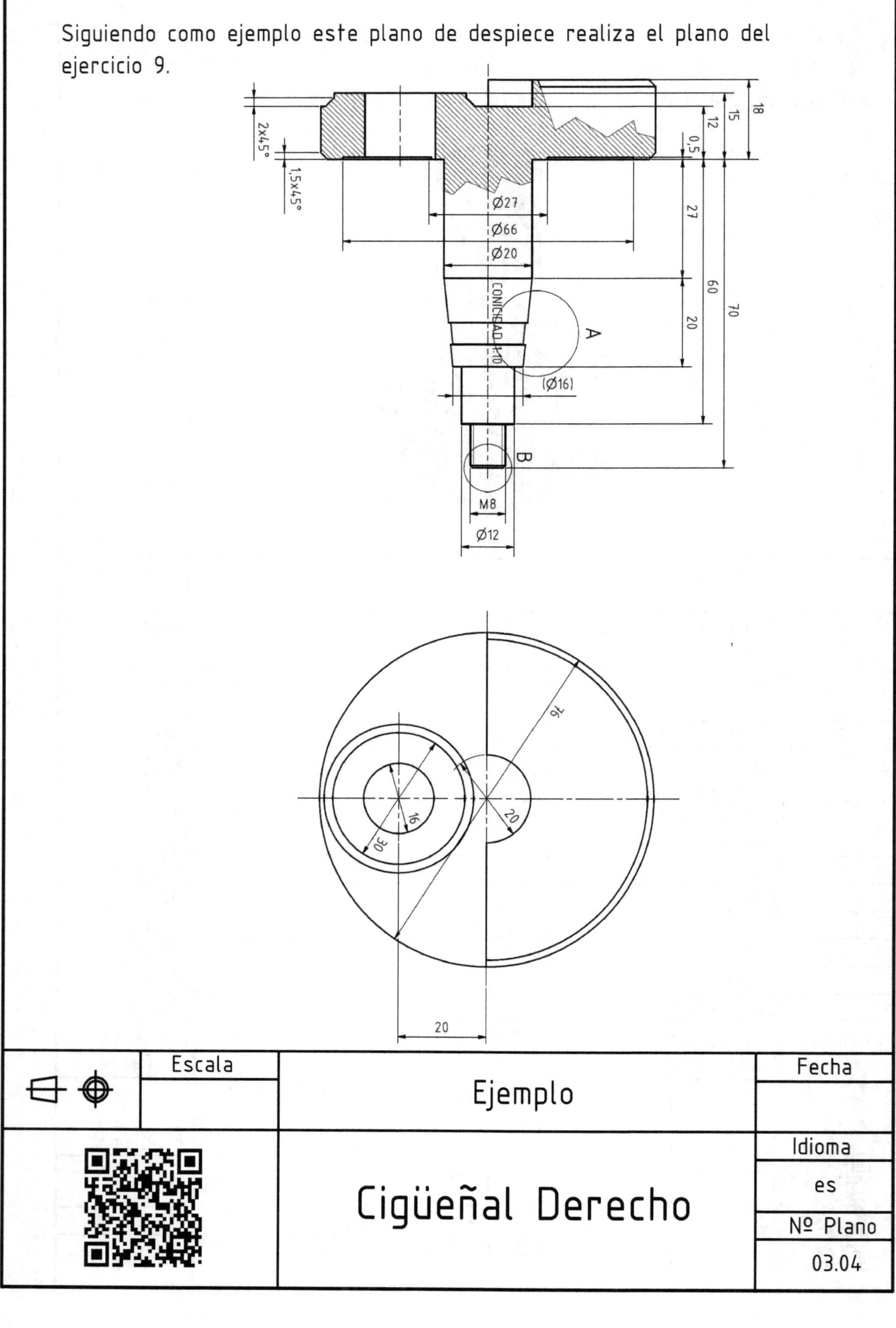

	Escala	Ejemplo	Fecha
			Idioma
		Cigüeñal Derecho	es
			Nº Plano
			03.04

Ejercicio 9.
Del plano de conjunto "Cadena Cinemática motor", realiza
el plano de despiece de la pieza nº 2 "Cigueñal izquierdo".

Escala
Fecha
Vistas y acotación
Idioma
es
Cigueñal izquierdo
Nº Plano
03.05

Ejercicio 10.
Del plano de conjunto "Cadena Cinemática motor", realiza el plano de despiece de la pieza nº 4 "Biela".

Escala	Vistas y acotación	Fecha

Biela

Idioma

es

Nº Plano

03.06

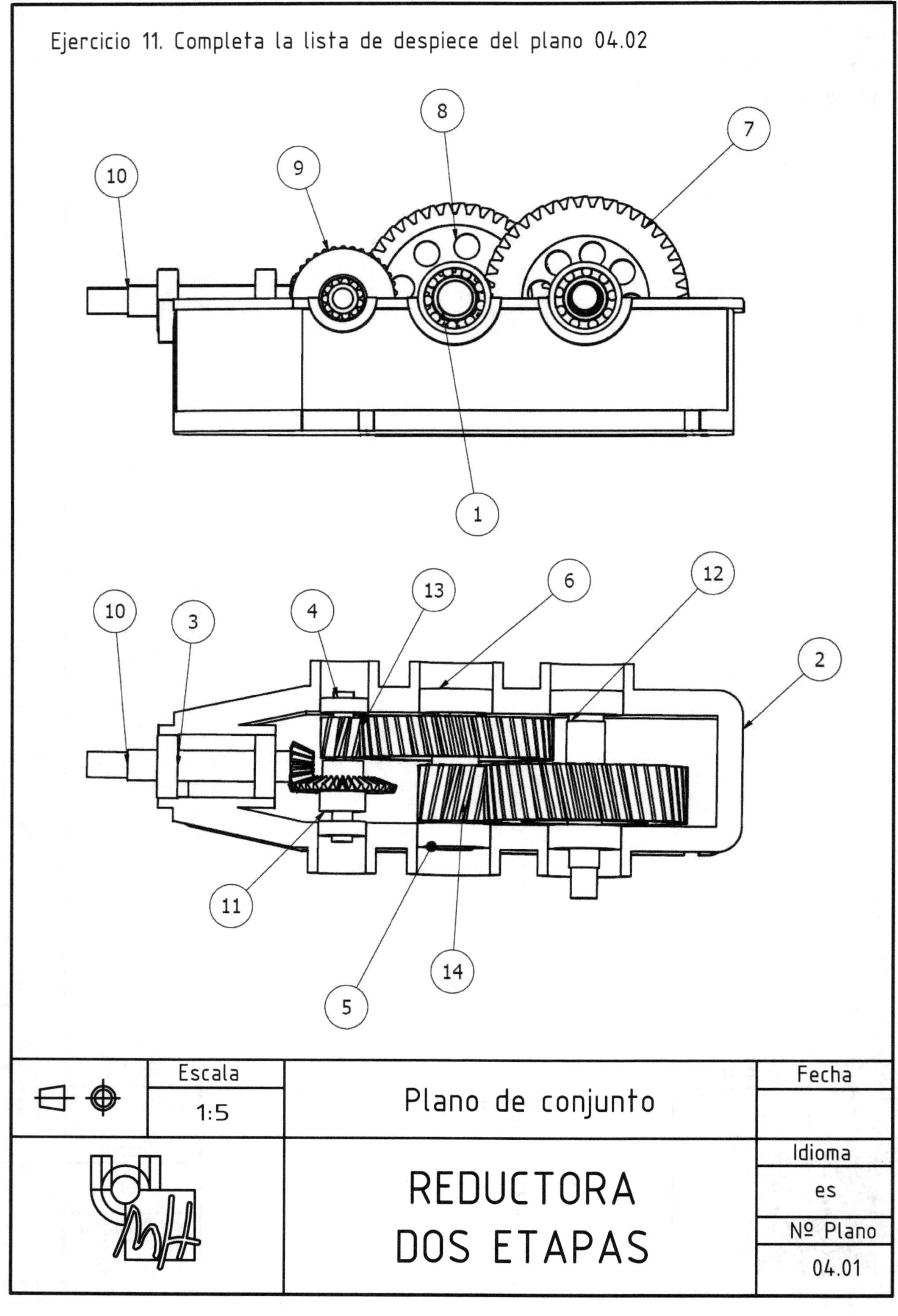

Ejercicio 11. Completa la lista de despiece del plano 04.02
10
9
8
7
1
10
3
4
13
6
12
2
11
5
14
Escala
1:5
Plano de conjunto
Fecha
Idioma
es
Nº Plano
04.01
REDUCTORA
DOS ETAPAS

Ejercicio 11. Completa la Lista de piezas realizando la designación de los elementos normalizados que faltan tomando las medidas de las mismas del plano 04.01 del Conjunto: Reductor de dos etapas.

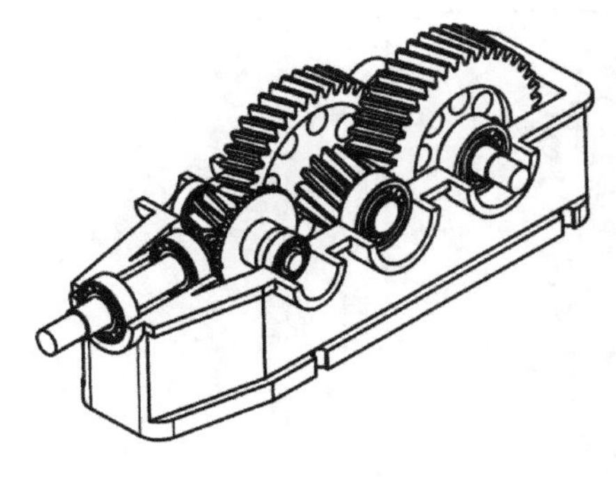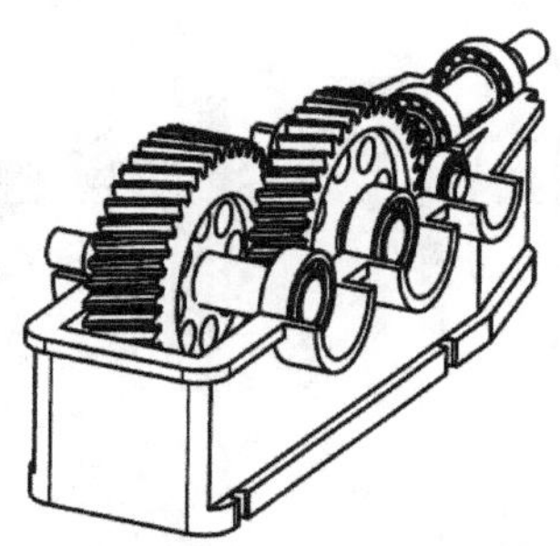

ELEMENTO	CTDAD	Nº DE PIEZA	DESCRIPCIÓN
12	1	eje de salida	
11	1	eje de entrada	
10	1	eje	
9	1	Engranaje biselado1	
13	1	Piñón helicoidal 2	
13	1	Rueda helicoidal 2	
14	1	Piñón helicoidal 1	
7	1	Rueda helicoidal 1	
6	3	Modelo:	Rodamiento de rodillo cilíndrico
5	1	Modelo:	Rodamiento rodillos N
4	2	Modelo:	Rodamiento rigido de bolas
3	2	Modelo:	Rodamientos de rodillo cilíndrico de una hilera, tipo N
2	1	Cárter	
1	1	eje intermedio	
ELEMENTO	CTDAD	Nº DE PIEZA	DESCRIPCIÓN

Lista de piezas

Escala		Fecha
1:5	Lista de piezas a completar	
		Idioma
	REDUCTOR DE DOS ETAPAS	es
		Nº Plano
		04.02

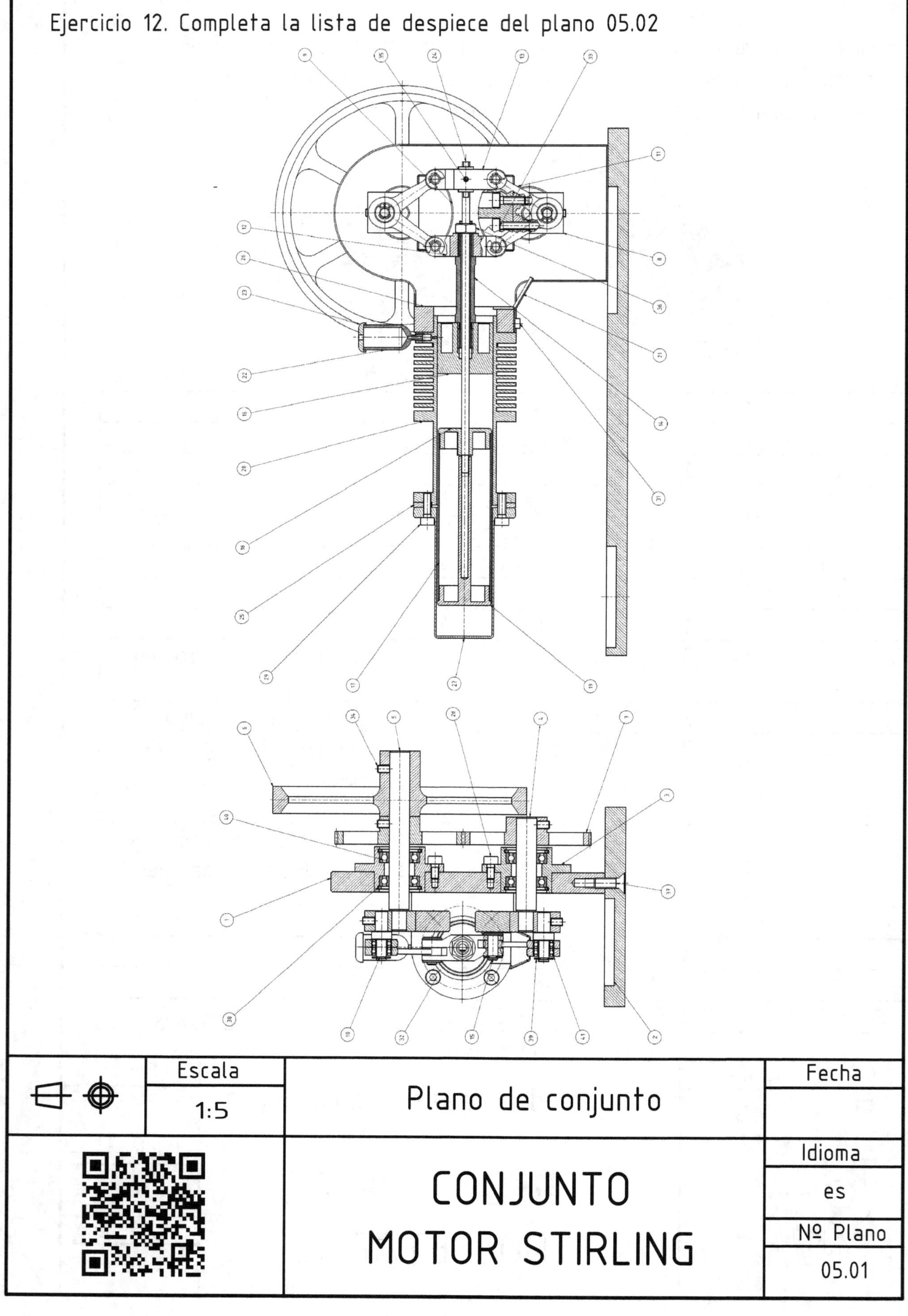

Ejercicio 12. Completa la lista de despiece del plano 05.02
Escala
1:5
Plano de conjunto
Fecha
Idioma
es
Nº Plano
05.01
CONJUNTO
MOTOR STIRLING

Ejercicio 12. Completa la Lista de piezas realizando la designación
de los elementos normalizados que faltan tomando las medidas de
las mismas del plano 05.01 del Conjunto: Motor Stirling.

CTDAD	DENOMINACIÓN	PIEZA	ELEMENTO	MATERIAL
4	Rodamientos rígidos de bolas		41	Acero
4	Rodamientos rígidos de bolas		40	Acero
6	Anillo de seguridad		39	Acero
4	Anillo de seguridad		38	Acero
2	Tornillos		37	Acero
1	Tuerca		36	Acero
1	Tornillo		35	Acero
5	Tornillo		34	Acero
2	Tornillo		33	Acero
4	Tornillo		32	Acero
2	Tornillo		31	Acero
2	Tornillo		30	Acero
8	Tornillo		29	Acero
6	Tornillo		28	Acero
1	3.27	Cilindro calentamiento	27	Acero
1	3.26	Soporte cilindro	26	Aluminio
1	3.25	Junta	25	Plástico
1	3.24	Varilla	24	Aluminio
1	3.23	Tapa depósito aceite	23	Aluminio
1	3.22	Depósito aceite	22	Aluminio
1	3.21	Guía aceite	21	Acero

	Escala	Lista de piezas a completar	Fecha
	1:5		
		Conjunto Gancho	Idioma
			es
			Nº Plano
			05.02

Ejercicio 14.
Del plano de conjunto "Motor Stirling", realiza el plano de despiece de la
pieza nº 16.

	Escala	Vistas y acotación	Fecha
			Idioma
			es
		Pistón	Nº Plano
			05.04

Ejercicio 15.
Del plano de conjunto "Motor Stirling", realiza el plano de despiece de la
pieza nº 6.

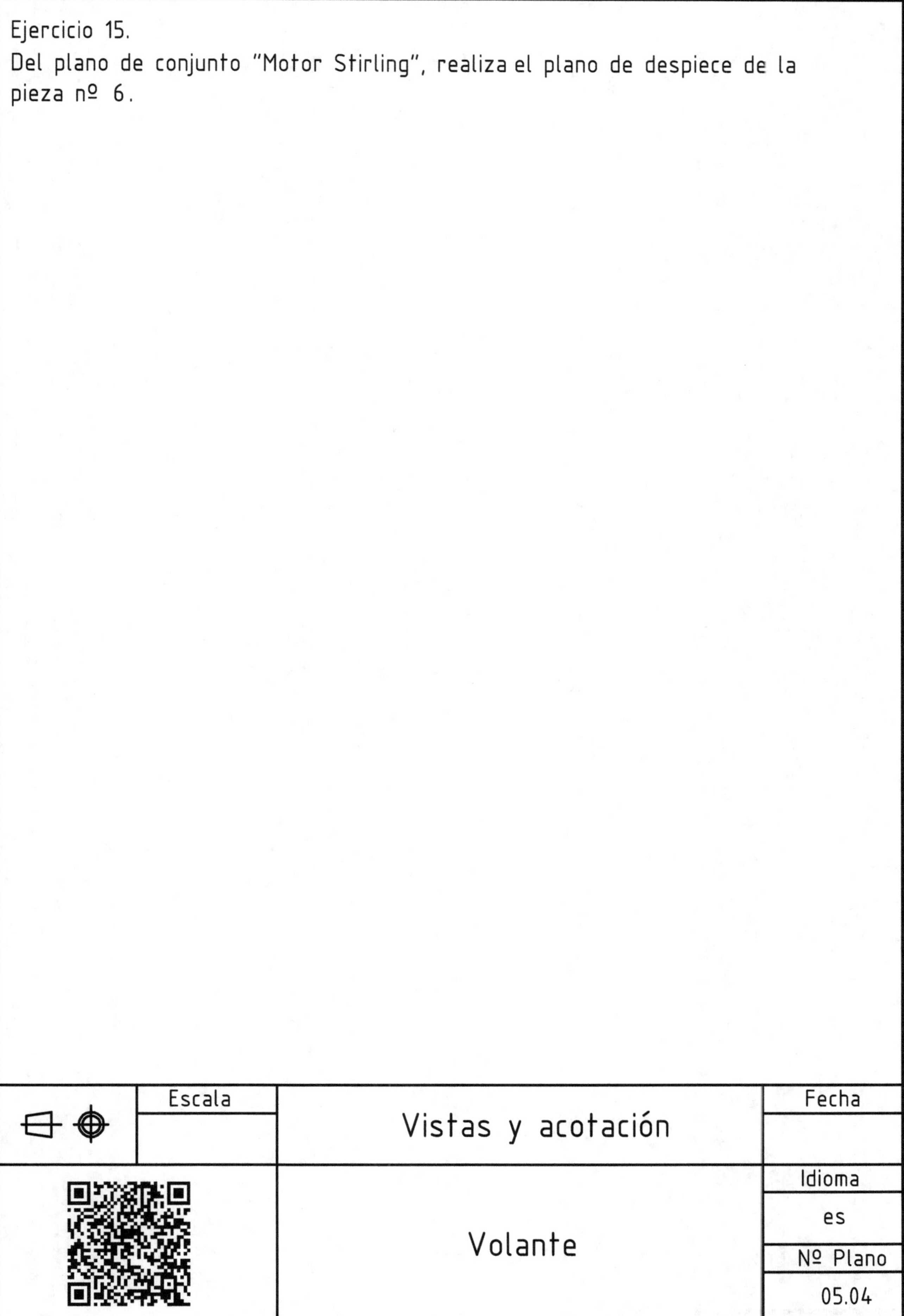

	Escala	Vistas y acotación	Fecha

Volante

Idioma
es

Nº Plano
05.04

www.ingramcontent.com/pod-product-compliance
Lightning Source LLC
LaVergne TN
LVHW081046210726
843510LV00014B/1050